普通高等教育"十二五"规划教材

U0198953

电机与控制

（第3版）

FUNDAMENTALS OF ELECTRIC MACHINES AND CONTROL SYSTEMS（3RD EDITION）

主　编◎王　勇
副主编◎温照方

北京理工大学出版社
BEIJING INSTITUTE OF TECHNOLOGY PRESS

图书在版编目（CIP）数据

电机与控制 / 王勇主编. —3 版. —北京：北京理工大学出版社，2016.6（2020.1 重印）
ISBN 978-7-5682-2446-8

Ⅰ．①电…　Ⅱ．①王…　Ⅲ．①电机–控制系统–高等学校–教材　Ⅳ．①TM301.2

中国版本图书馆 CIP 数据核字（2016）第 132926 号

出版发行 / 北京理工大学出版社有限责任公司
社　　址 / 北京市海淀区中关村南大街 5 号
邮　　编 / 100081
电　　话 / （010）68914775（总编室）
　　　　　（010）82562903（教材售后服务热线）
　　　　　（010）68948351（其他图书服务热线）
网　　址 / http://www.bitpress.com.cn
经　　销 / 全国各地新华书店
印　　刷 / 北京虎彩文化传播有限公司
开　　本 / 787 毫米×1092 毫米　1/16
印　　张 / 15
字　　数 / 349 千字
版　　次 / 2016 年 6 月第 3 版　2020 年 1 月第 4 次印刷
定　　价 / 38.00 元

责任编辑 / 钟　博
文案编辑 / 钟　博
责任校对 / 周瑞红
责任印制 / 王美丽

《电机与控制》（第2版）于2010年5月出版，迄今已6年。从教材的使用情况来看，我们认为它重视实用性和工程性，适应了当时教学改革的需要。

近年来，随着高等教育的迅猛发展、科学技术的日新月异、教育国际化进程的加速、工程教育认证的全面开展，我们认为有必要对教材进行修订。本版仍遵循前两版的体系、结构。在第2版的基础上，我们对全书内容进行了如下增补：

（1）改写了第1章"磁路"，在磁路计算中，明确提出了均匀磁路模型及其计算方法，从能量转换的观念处理磁体结构中电磁力的计算问题，并以例题的形式分析了典型电磁铁中磁力的计算问题。

（2）增加了第3章"电机概述与直流电机"，从"机-磁-电"能量转换的角度，考察了电机的一般特性。为机械、机电非电类专业的后续课程考虑，增加了直流电机内容，并重点介绍了并励直流电机。

（3）在第4章"交流异步电动机"中，对三相交流异步电动机的等效电路进行了改写，使其物理意义明确，具有实践指导意义。

（4）对第6章和第7章，重新绘制了几乎全部图例，并增加了部分例题和系统设计实例。

（5）在前7章，增加了部分习题，以利于学生掌握其内容、理论。

（6）在每个章节前，增加了该章需掌握的内容，以利于读者学习参考。

本书的编写，反映了北京理工大学近年来"电工和电子技术"课程全体任课教师面向世界一流，面向国际化，培养具有创新能力、开拓进取的一流人才而所进行的教学改革成果。

参加修订的老师有：王勇（编写了第1章、第3章、第4章、第6章、第7章、第8章、第9章）、温照方（编写了第2章、第5章）。全书由王勇统稿并担任主编，温照方担任副主编。

本书在编写过程中，得到了刘蕴陶教授、李燕民副教授、郜志峰副教授，以及高玄怡、叶勤、马玲、金兆健、孙林等老师的大力支持和帮助，在此表示衷心的感谢。特别感谢李燕民教授，她从写作伊始便对编者不吝鼓励和帮助，书稿完成后，又细心审阅修改，为本书增色不少。由于编者水平和能力有限，加之编写时间仓促，书中难免有疏漏和错误之处，敬请读者批评指正。

编　　者

2016 年 5 月

前言（第2版）

PREFACE (Second Edition)

　　《电机与控制》（第1版）于2004年1月出版，迄今已经使用了6年。从使用教材的教学实践效果来看，本书在取材内容和组织上适应了工科大学的教学需要。

　　为了适应控制技术的迅速发展和大学工科类教学改革的深入，本教材进行了重新修订。在原教材的基础上，编者对书中内容进行了整合、补充和精炼。本书在内容编排上更清晰易读，并更重视实用性和工程性，在各章增加了相应的例题和应用实例，特别是在第7章增加了容易理解和掌握的小系统，并对第8章的软件进行了更新。

　　参加修订的教师有：温照方（编写了第1章、第2章、第3章、第4章），王勇（编写了第5章、第6章、第7章、第8章），本书由温照方担任主编，由王勇担任副主编，温照方对全书进行了统稿。

　　本书在编写过程中，得到了刘蕴陶教授及李燕民、吴仲、叶勤、李宇峰、郜志峰、姜明、许建华、高玄怡等老师的大力支持和帮助，在此表示衷心的感谢。由于水平和能力有限，加之编写时间仓促，书中难免有疏漏和错误之处，敬请读者批评指正。

编　者

2010年3月

本书是按照教育部（前国家教育委员会）1995 年颁发的高等工业学校"电工技术（电工学 I）"和"电子技术（电工学 II）"两门课程的教学基本要求，根据多年的教学实践经验编写的。

"电工和电子技术"课程是面向高等工科学校非电类专业本科生开设的技术基础课。几年来，我们对"电工和电子技术"课程的内容、体系及方法进行了改革和实践，并取得了一定的成效。在多年的教学实践、教学改革和探索的基础上，我们编写了这本《电机与控制》教材，并与《电路和电子技术》教材一起使用，作为"电工和电子技术"课程的配套教材。

"电工和电子技术"课程的总体框架是：电路基础–元件–线路–系统。本书在实现以上教学思想方面作了一些尝试，其特点是：

（1）打破了原"电工电子技术"课程中电路、电子、电机与控制相对独立的格局，加强了电路、电子、电机与控制的内在联系，并突出了系统性。改变了通常将"电工和电子技术"课程分为"电工技术"和"电子技术"两大部分的做法，将电路基础部分、电子技术的内容提前，将电机和控制内容安排在最后，从而增加了系统知识。

（2）"电工和电子技术"课程的新体系体现了一定的基础性，使学生通过本课程的学习，能够具有较为宽厚的基础理论知识，具有可持续发展和创新能力。为此，书中强调了课程内容的基础性和实用性，加强了对微电机的介绍，如引入直线电动机等内容。

（3）"电工和电子技术"课程的新体系体现了一定的先进性。为此，书中以西门子 S7–200 机型为主，介绍了可编程序控制器的基本工作原理、基本指令和应用，适当给出一些应用实例，以培养学生对新技术的浓厚兴趣，引导学生积极主动地学习。

（4）新体系的课程内容注重培养学生分析问题和解决问题的能力、综合运用所学知识的能力以及工程实践能力。本书第 7 章"电工与电子系统"举出一些较为综合的系统实例，引入了 PLC 与变频器组成的控制系统，温度测量控制系统等，帮助学生了解电工技术和电子技术在工程实际中的应用。第 8 章"Protel99SE原理图设计与仿真"介绍了工程设计软件，使非电类学生具有一定的电子线路的设计能力。

（5）本书在选材和文字叙述上力求符合学生的认知规律，由浅入深，由简单到复杂，由基础知识到应用举例。本书配有丰富的例题和习题，并在书后给出了部分习题的参考答案。

本书编写的分工如下：温照方，第 1 章、第 2 章、第 3 章（3.5.2 节除外）、第 4 章、第 5 章、第 6 章；王勇，第 7 章的 7.1 节、7.2 节、7.5 节，第 8 章；李宇峰，第 3 章的 3.5.2 节，第 7 章的 7.3 节、7.4 节。全书由温照方统稿。

北京理工大学刘蕴陶教授对本书进行了认真的、逐字逐句的审阅，并提出了许多宝贵的意见和建议。此外，北京理工大学信息学院电工教研室的各位老师在本书的编写过程中也给予了很大的帮助，在此一并表示衷心的感谢。

由于我们的水平和能力有限，加之编写时间较为仓促，书中难免存在一些疏漏和错误之处，恳请读者批评指正，以便今后加以改进。

编　者

2004 年 1 月于北京

目 录

CONTENTS

第1章
磁　　路

机电能量转换在电气工程和其他领域之间建立起重要的桥梁，成为非电类工程师必须重点关注的领域之一。机电转换器广泛用于工业、航空和生物医学等领域。

学习本章后，应能：

- 分析简单磁路，计算机电能量转换的性能和能量；
- 描述机电系统中的能量转换过程；
- 对机电转换器进行简单线性分析。

1.1　电和磁

19 世纪早期，丹麦物理学家奥斯特（H.C. Oersted）率先提出电和磁是相互联系的概念，并验证了电流能产生磁场。很快，法国科学家安培（André Marie Ampère）建立了安培定律，精确表示了二者之间的相互关系。随后，英国科学家法拉第验证了安培定律的逆问题也成立，即变化的磁场也能产生电场（法拉第定律）。

在随后的章节中，读者将看到磁场构成了电能与机械能之间必不可少的联系。安培定律和法拉第定律描述了电场和磁场之间的关系。事实上，人们常说的机电转换器，更准确地说，应该叫电–磁–机能量转换器，因为它们绝大多数都是通过电能–磁能–机械能来完成能量转换的。

1.1.1　磁场和法拉第定律

用来定量描述磁场强度的量有磁通 Φ（单位为韦伯，Wb）、磁通密度或磁感应强度 B（单位为韦伯/米 ^{2}，Wb/m^2 或特斯拉，T）。磁感应强度 B 与磁场强度 H（单位为安培/米，A/m）紧密相连，均是矢量。因此，磁感应强度和磁场强度通常用矢量形式来描述。但在后续讨论中，我们总假定场是标量场，即磁场方向处于单一的空间方向，以简化分析和计算。

习惯上，用磁感（应）线来表示磁场。通过观察磁感线在空间中的分布密度，就可直观地确定磁场强度。磁场之间的相对强弱可通过磁感线的分布密度来确定，如图 1.1.1 所示。

运动的电荷产生磁场，这种效应可通过磁场作用于运动电荷的力来进行测量。在磁感应强度 B 中以速度 v 运动的电荷 q 所受到的力 f 由下式确定：

$$f = qv \times B \tag{1.1.1}$$

式中，"×"表示叉乘。若电荷运动速度与磁感应强度之间有角度 θ，则力的大小为

$$f = qvB\sin\theta \tag{1.1.2}$$

图 1.1.1　磁感线

（a）磁场弱；（b）磁场强

式中，v、B 分别为其矢量的大小，力的方向垂直于矢量 B 和 v 所组成的平面，可用右手定则确定，其关系如图 1.1.2 所示。

磁通 Φ 则定义为磁感应强度在一定面积内的积分。为了分析简单，常常考虑磁力线垂直于某一截面积 S 的情况，此时磁通

$$\Phi = \int_S B\,\mathrm{d}S \qquad (1.1.3)$$

图 1.1.2　运动电荷在恒定磁场中所受的力

式（1.1.3）中，积分下限 S 表示积分是在整个表面积 S 上进行。如果通过表面积 S 的磁通是不变的恒定磁通，那么积分运算就可简化如下：

$$\Phi = B \cdot S \qquad (1.1.4)$$

图 1.1.3 中，假定磁力线穿过表面积 S，磁场为均匀磁场，则可利用式（1.1.4）计算穿过表面积 S 的磁通 Φ。

法拉第定律说明，如果由导体限定了表面积 S，则变化的磁场将产生感应电压，进而有电流流过该导体。更精确地说，法拉第定律描述了随时间变化的磁通所引起的感应电动势，其关系如下：

$$e = -\frac{\mathrm{d}\Phi}{\mathrm{d}t} \qquad (1.1.5)$$

考虑只有一匝的线圈组成的圆形截面积，如图 1.1.4（a）所示，磁感应强度 B 垂直向上穿过该线圈构成的平面。如果穿过线圈的磁场（或者说磁通）是恒定不变的，则在端子 a 和 b 之间没有感应电动势产生。若磁通增加，在端子 a 和 b 之间连接电阻 R，则线圈中有电流 i 流过。电流 i 产生的磁场将阻碍原磁通增加的磁场，如图 1.1.4（b）所示。式（1.1.5）中的负号说明感应电流产生的磁感应强度方向与原磁感应强度 B 变化的方向相反，这就是楞次定律。在图 1.1.4（a）中，感应磁通的方向垂直向下，在图 1.1.4（b）中为进入纸面。通过右手定则，图 1.1.4（b）中的感应磁通将感应出顺时针

图 1.1.3　穿过表面积 S 的磁感线

方向的电流，即电流从 b 点流出，然后通过电阻 R 流入 a 点。这就导致电阻 R 两端的电压是负的。如果原磁通是减小的，线圈中的感应电流将重建原磁通（即阻碍原磁通的减小），

这意味着感应电流产生的磁通方向必须向上［图 1.1.4（a）］，流出纸面［图 1.1.4（b）］，相应的，电压也必须改变方向。

感应电动势的方向常常能通过物理方法获得。因此，式（1.1.5）中的负号可省略。

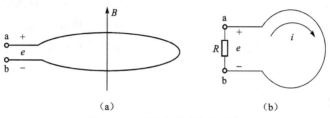

图 1.1.4　磁场中的感应电动势

（a）磁通恒定；（b）变化磁场产生感应电动势

在实际应用中，常常通过增加线圈的匝数来获得更高的感应电压，而不是改变磁通的变化率。对穿过截面积 S 的 N 匝线圈，其感应电动势为

$$e = -N\frac{\mathrm{d}\Phi}{\mathrm{d}t} \tag{1.1.6}$$

图 1.1.5 中，N 匝线圈与一定量的磁通交链。如果 N 很大且线圈缠绕紧密，仍不能认为通过每匝线圈的磁通是一样的。实际中，为了方便，定义磁链 λ（单位为 Wb 或 Vs）为

$$\lambda = N\Phi \tag{1.1.7}$$

因此

$$e = -\frac{\mathrm{d}\lambda}{\mathrm{d}t} \tag{1.1.8}$$

式（1.1.8）描述了磁链与感应电动势之间的关系，该式类似于电荷与电流的关系：

$$i = \frac{\mathrm{d}q}{\mathrm{d}t} \tag{1.1.9}$$

换句话说，磁链可看作电路分析中的电荷。需要注意的是之前假设均匀磁场穿过紧密缠绕的线圈，而电路分析中的电感线圈往往满足不了这个假设条件。

什么样的物理结构能引起磁通变化，进而产生感应电动势呢？有两种结构能满足这样的功能。第一种由在线圈附近运动的永磁体，产生时变的磁通；第二种先由电流产生磁场，然后改变电流，则磁通随之变化。在多数情况下，不采用永磁体，

磁感线

图 1.1.5　磁链的概念

而采用改变励磁电流来改变磁场强度。但是第一种方法在概念上更简单、直观。由运动磁场产生的感应电动势叫作动生电压，而由时变磁场产生的感应电动势叫作感生电压（transformer voltage）。

在电路分析中，假设磁链和电流的关系是线性的：

$$\lambda = Li \tag{1.1.10}$$

其结果是时变电流将在感应线圈中感应出感生电压

$$u = L\frac{\mathrm{d}i}{\mathrm{d}t} \tag{1.1.11}$$

事实上，式（1.1.11）定义了理想自感 L。除了自感外，在相邻电路间可能产生的磁耦合也很重要。在电路中，电流流过，产生磁场，该磁场在同一电路中感应出的电压由自感来度量。一个电路中的磁场变化可能在附近的另一个电路中产生感应电压，这就是互感和变压器的原理。

1.1.2 自感和互感

图 1.1.6 中各有一对线圈，其中 L_1 由电流 i_1 激励，因此建立磁场并产生感应电压 u_1；而另一线圈 L_2 没有电流激励，但与电流 i_1 在线圈 L_1 中产生的磁场部分交链。这两个线圈之间建立的磁耦合用互感 M 来定量描述，并由下式定义：

$$u_2 = M\frac{\mathrm{d}i_1}{\mathrm{d}t} \tag{1.1.12}$$

图 1.1.6 中的小黑点"·"表示两个线圈耦合的极性。如果点"·"在线圈的同一端，则线圈 1 中的电流 i_1 在线圈 2 中的感应电压的方向与该电流在线圈 1 中感应电压的方向相同。反之，电压方向相反。在两个线圈中表示磁耦合和感应电压方向的小黑点"·"叫作同名端。显然，若线圈 2 中有电流流过，则也会在线圈 1 中产生互感电压。通常，线圈的感应电压为自感电压和互感电压之和。

图 1.1.6 互感

在实际的电磁电路中，电路的自感 L 通常不是常数，而取决于磁场强度的大小，因此不太可能采用简单的公式 $u = L\mathrm{d}i/\mathrm{d}t$。考虑式（1.1.6），在电感线圈中，电感量由下式给定：

$$L = \frac{N\Phi}{i} = \frac{\lambda}{i} \tag{1.1.13}$$

图 1.1.7 磁链、电流、能量和共能量的关系

当磁路是线性时，式（1.1.13）描述了电流和磁通之间的关系。而实际上，磁性材料的磁通和电流的关系曲线是非线性的，因此电路分析中所用的简单线性的电感参数并不能描述本章磁路中的行为特点。在任何实际应用中，磁链 λ 和电流的关系都是非线性的，如图 1.1.7 所示。由于其电路形式为非线性的，因此，用能量计算方式来分析磁路更为方便。

在磁路中，储存在磁场中的能量等于瞬时功率的积分，而瞬时功率等于电压和电流的乘积：

$$W_{\mathrm{m}} = \int ei\mathrm{d}t \tag{1.1.14}$$

式中，e 为感应电动势。由法拉第定律有

$$e = \frac{\mathrm{d}\lambda}{\mathrm{d}t} = N\frac{\mathrm{d}\Phi}{\mathrm{d}t} \tag{1.1.15}$$

即感应电动势与磁通的变化率成正比。式（1.1.14）可表示为电流积分的形式：

$$W_{\mathrm{m}} = \int ei\mathrm{d}t = \int \frac{\mathrm{d}\lambda}{\mathrm{d}t}i\mathrm{d}t = \int i\mathrm{d}\lambda \tag{1.1.16}$$

可见，存储在电磁场中的能量等于图 1.1.7 所示 $\lambda-i$ 曲线上部的面积。同时，定义假想能量，称作共能量，等于 $\lambda-i$ 曲线下半部分的面积，记作 W_{m}'。从图 1.1.7 中可见，共能量与存储在电磁场中的能量有如下关系：

$$W_{\mathrm{m}}' = i\lambda - W_{\mathrm{m}} \tag{1.1.17}$$

磁路中储存在电磁场中的能量计算，在本章后续内容中非常重要。

【例 1.1】有一带铁芯的电感线圈，已知 $\lambda-i$ 曲线 $i = \lambda + 0.5\lambda^2$，磁链 $\lambda_0 = 0.5\,\mathrm{Vs}$，线圈电阻 $R = 1\,\Omega$，以及通入线圈的电流 $i = 0.625 + 0.01\sin(400t)$（A），分别计算铁芯电感器的能量、共能量、线性电感量以及给定电流下电感线圈两端的电压。

【解】（1）计算能量和共能量。根据公式（1.1.16），可计算能量如下：

$$W_{\mathrm{m}} = \int_0^\lambda i(\lambda)\mathrm{d}\lambda = \int_0^\lambda (\lambda + 0.5\lambda^2)\mathrm{d}\lambda = \frac{\lambda^2}{2} + \frac{\lambda^3}{6}$$

本例中，电感工作在磁链 $\lambda_0 = 0.5\,\mathrm{Vs}$ 处，因此能量为

$$W_{\mathrm{m}} = \left(\frac{\lambda^2}{2} + \frac{\lambda^3}{6} \right)\Bigg|_{\lambda=0.5} = 0.145\,8\,(\mathrm{J})$$

由式（1.1.17）可计算出共能量：

$$\begin{aligned}
W_{\mathrm{m}}' &= i\lambda - W_{\mathrm{m}} = (\lambda + 0.5\lambda^2)\,\lambda - W_{\mathrm{m}} \\
&= 0.5(0.5 + 0.5 \times 0.5^2) - 0.145\,8 = 0.166\,7\,(\mathrm{J})
\end{aligned}$$

（2）计算电感量。由 $\lambda-i$ 曲线 $i = \lambda + 0.5\lambda^2$ 知 $\mathrm{d}i/\mathrm{d}\lambda = 1 + \lambda$，则可计算线性电感量 L 如下：

$$L = \frac{\mathrm{d}\lambda}{\mathrm{d}i}\Bigg|_{\lambda=0.5} = \frac{1}{1+\lambda}\Bigg|_{\lambda=0.5} = \frac{1}{1+0.5} = 0.666\,7\,(\mathrm{H})$$

（3）计算电感线圈的电压。采用电感的线性模型进行电路分析，可计算电感线圈的电压。通过线圈的电流 $i = 0.625 + 0.01\sin(400t)$ 已知，电感量在上一步计算中已获得，则可计算出线圈电感两端的电压：

$$\begin{aligned}
u &= iR + L\frac{\mathrm{d}i}{\mathrm{d}t} = [0.625 + 0.01\sin(400t)] \times 1 + 0.6667 \times 4\cos(400t) \\
&= 0.625 + 2.668\sin(400t + 89.8°)\,(\mathrm{V})
\end{aligned}$$

1.2　安培定律

如前所述，法拉第定律是揭示电场和磁场之间关系的两个基本定律之一。而另一个定律

即安培定律。安培定律描述了在导体附近的磁场强度 H 与流过导体的电流之间的关系。

如前所述，用磁感应强度 B 和磁通 Φ 来描述磁场。为了解释安培定律和磁性材料的行为，定义磁场强度 H 和磁感应强度 B 之间的关系为

$$B = \mu H = \mu_r \mu_0 H \qquad (1.2.1)$$

其中，μ 为磁导率，为特定介质下的标量常数，可表示为真空磁导率（$\mu_0 = 4\pi \times 10^{-7} \text{H/m}$，为常数）与相对磁导率 μ_r 的乘积。介质不同，其相对磁导率不同（见表 1.1）。例如空气、大多数导体和绝缘体，其相对磁导率约为 1；而磁性材料，其相对磁导率可达几百到几千。相对磁导率是对材料磁性能的度量。从式（1.2.1）可见，磁导率 μ 越大，在磁体中产生较大磁感应强度所需的电流越小。因此，多数机电设备采用高磁导率铁磁材料（叫铁芯）来增强其磁性能。

表 1.1　常见材料的相对磁导率

材料	μ_r	材料	μ_r
空气	1	坡莫镍铁合金	100 000
铸钢	1 000	薄板钢	4 000
铸铁	5 195	—	—

引入磁场强度的原因在于其与材料的性质独立，即给定磁场强度 H，对不同材料有不同的磁感应强度 B。因此用磁场强度来表示对磁场的激励作用（称作磁源）非常有用，并能从不同的磁路结构和材料在给定的相同激励下进行分析、比较。与电动势类似，这个磁能源叫作磁通势。如前所述，磁感应强度和磁场强度均是矢量，但为了便于分析，常常选用标量磁场。

安培定律描述了磁场强度矢量沿闭合路径的线积分等于穿过该闭合路径所包围的全部电流的代数和：

$$\oint H \cdot dl = \sum i \qquad (1.2.2)$$

即磁场强度沿任意闭合路径的线积分只与产生它的电流有关，而与磁场中的介质无关。若所选闭合路径与磁场同向，则式（1.2.2）可标量化如下：

$$\int H dl = \sum i \qquad (1.2.3)$$

图 1.2.1 中，流过导线的电流为 i，选择以导线为圆心半径为 r 的圆为闭合路径。应用右手定则，拇指指向电流方向握住导线，则其余四指指向的方向即磁场的方向。图 1.2.1 中，因为选择闭合路径与磁场同向，闭合路径的积分等于 $2\pi r H$，因此磁场强度的大小为

$$H = \frac{i}{2\pi r} \qquad (1.2.4)$$

图 1.2.1　安培定律计算示例

可见，磁场强度与导体周围的介质无关，但 $B = \mu H$，因此磁感应强度与介质相关。这意味着，在距导线相同的距离下，处于磁性材料周围的磁感应强度将远大于空气中的磁感应强

度。单匝导线产生的磁场不是很强，所以将导线紧密绕制成多匝线圈，就能极大地提高磁场的强度。对于 N 匝线圈，可以通过验证得知激励磁场的能力提高了 N 倍。常常用磁通势 $\mathscr{F}$（单位为 A）表示电磁电路中电流与线圈匝数的乘积，其作用与电动势在电路中的作用类似：

$$\mathscr{F} = Ni \qquad (1.2.5)$$

图 1.2.2 所示为通电线圈附近的磁力线的分布情况。当线圈中嵌入铁磁材料时，能获得更大的磁感应强度。常用的铁磁材料有钢和铁。除了铁磁材料外，许多合金、铁氧化物和某些人造陶瓷材料（如亚铁盐）都具有很好的磁性能。将线圈绕制在铁磁材料上有如下好处：强迫磁场集中在线圈附近。特别是如果铁磁材料形状设计合适，将几乎完全限制磁场在铁磁材料内部闭合。典型的铁芯和圆环电感器如图 1.2.3 所示，其磁感应强度由下式计算：

$$B = \frac{\mu Ni}{l} \quad （紧密绕制圆形线圈） \qquad (1.2.6)$$

$$B = \frac{\mu Ni}{2\pi r_2} \quad （环形线圈） \qquad (1.2.7)$$

图 1.2.2 通电线圈中的磁场分布   图 1.2.3 电感器

靠近磁激励附近的 ZZ 高导磁材料的存在，促使磁通在高导磁材料中集中，而不是大部分通过空气闭合，这与电路中电流流过的路径相似。图 1.2.4 所示为磁路的实例，在后续章节中，读者将会发现该例是变压器的基础。表 1.2 总结了电和磁的基本变量。

图 1.2.4 磁路实例

表 1.2　有关磁场的物理量及其单位

物理量	符号	单位
电流	I	A
磁感应强度	$\boldsymbol{B}$	Wb/m^2 = T
磁通	$\boldsymbol{\Phi}$	Wb
磁场强度	$\boldsymbol{H}$	A/m
电动势	e	V
磁通势	$\mathscr{F}$	A
磁链	λ	Wb

1.3　磁路和磁路欧姆定律

1.3.1　磁路和磁路的欧姆定律介绍

分析图 1.2.4 所示的电磁装置，可通过等效磁路的方法进行，而等效磁路与电路在许多方面都非常相似。首先，需作几个简单的近似。第一个近似是假设在磁路中存在一条平均路径，第二个近似是将通过磁体截面积的平均磁感应强度近似为常数。这样，绕制在铁芯截面积为 S 的线圈，其磁感应强度为

$$B = \frac{\Phi}{S} \tag{1.3.1}$$

其中，假设截面积 S 垂直于磁感线。图 1.2.4 中，磁路截面积为 S，磁路平均路径长度为 l。若已知磁感应强度，则磁场强度为

$$H = \frac{B}{\mu} = \frac{\Phi}{\mu S} \tag{1.3.2}$$

若已知磁场强度，则线圈的磁通势 $\mathscr{F}$ 等于磁场强度与磁路平均路径长度的乘积：

$$\mathscr{F} = Ni = Hl \tag{1.3.3}$$

则磁通势等于磁通乘以磁路的长度，再除以材料的磁导率与截面积的乘积：

$$\mathscr{F} = \Phi \frac{l}{\mu S} \tag{1.3.4}$$

考察式（1.3.4），磁通势 $\mathscr{F}$ 可看作串联电路中的电压源，磁通 Φ 则类似串联电路中的电流，而 $l/\mu S$ 项称作磁阻。$l/\mu S$ 项与长度为 l、截面积为 S 的柱形导体的电阻相似，只不过将电导率 σ 换成了磁导率 μ 而已。磁阻常用符号 $\mathscr{R}$ 表示，则式（1.3.4）等效为

$$\mathscr{F} = \Phi \mathscr{R} \tag{1.3.5}$$

式中，磁通势 $\mathscr{F}$ 产生磁场的激励，磁阻 $\mathscr{R}$ 表示磁路在磁通通过时呈现阻碍作用的大小。式（1.3.4）或式（1.3.5）称作磁路的欧姆定律，与电路中的欧姆定律对应。磁路中，磁阻和电感的关系如下：

$$L = \frac{\lambda}{i} = \frac{N\Phi}{i} = \frac{N}{i}\frac{Ni}{\mathscr{R}} = \frac{N^2}{\mathscr{R}} \tag{1.3.6}$$

总之，当电流为 i 的 N 匝线圈绕制成图 1.3.1（a）所示的铁芯时，若在线圈中的磁通 Φ 绝大多数集中在铁芯，且恒定不变，则在此假设下，磁路分析与电阻电路的分析类似，二者的类比见表 1.3。

表 1.3　电路和磁路的类比

电路参数	磁路参数
电场强度，E（V/m）	磁场强度，H（A/m）
电压，u（V）	磁通势，$\mathscr{F}$（A）
电流，i（A）	磁通，Φ（Wb）
电流密度，J（A/m²）	磁感应强度，B（Wb/m²）
电阻，R（Ω）	磁阻，$\mathscr{R}$（A/Wb）
电导率，σ（1/Ω·m）	磁导率，μ（Wb/A·m）

图 1.3.1（a）所示的铁芯磁路可用图 1.3.1（b）所示电路来类比计算。图 1.3.1（a）中，磁通势 $\mathscr{F} = Ni$ 激励磁路，而铁芯磁路由四段组成：其中两段的平均长度是 l_1，截面积为 $S_1 = d_1 w$，另两段的平均长度是 l_2，截面积为 $S_2 = d_2 w$，则在铁芯中，磁通所经过路径的总磁阻为

$$\mathscr{R} = 2\mathscr{R}_1 + 2\mathscr{R}_2 \tag{1.3.7}$$

其中，

$$\mathscr{R}_1 = \frac{l_1}{\mu S_1} \quad \mathscr{R}_2 = \frac{l_2}{\mu S_2} \tag{1.3.8}$$

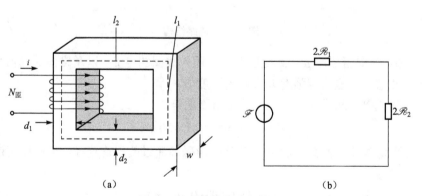

图 1.3.1　磁路和电路的类比

（a）由磁动势 $\mathscr{F} = Ni$ 激励的铁芯磁路；（b）磁路的电路类比

在分析铁芯磁路采用简化模型时，作了如下假设：

（1）所有磁通与线圈的全部匝数交链；

（2）磁通被集中在铁芯内，没有通过铁芯外闭合；

（3）通过铁芯截面积的磁通相同。

在线圈的两端，上述假设（1）可能并不成立，但如果线圈绕制紧密，该假设是合理的。假设（2）可等效描述为铁芯的相对磁导率远高于空气的相对磁导率，则磁通极大地被限制在铁芯中。这跟电路中将导线看作理想导体（电阻为零）相似。对于磁性材料，即使是磁性能最好的合金材料，其相对磁导率仅仅达 $10^3 \sim 10^4$ 量级。与电路中的情形比较，假设（2）显得不是那么好。在图 1.2.4 和图 1.3.1 中，就有一些磁通没有通过铁芯闭合，而是通过空气闭合（即有漏磁通）。最后，当为有限磁导率介质时，假设通过铁芯的磁通是相同的不能成立，但在磁路中，这种近似平均的方法有助于简化分析计算。

当缺乏电磁场理论、矢量微积分和高级数字仿真软件等工具时，采用磁路类比电路的方法是分析磁路最合适的工具。基于这种类比的方法，对一些常用的典型磁路能获得近似解。这些典型磁路包括扬声器、螺线管、线速度/位置传感器、角速度/位置传感器等。

1.3.2　磁路的计算

下面以例子的形式，讨论有关磁路的计算问题。

【**例 1.2**】磁路如图 1.3.2 所示，已知相对磁导率 $\mu_r = 1\,000$，线圈匝数 $N = 500$，电流 $i = 0.1\,\text{A}$，磁体长 $l = 0.1\,\text{m}$，高 $h = 0.1\,\text{m}$，宽 $w = 0.01\,\text{m}$，其余尺寸如图 1.3.2 所示。计算磁路的磁通、磁感应强度、磁场强度。

图 1.3.2　磁路结构

【**解**】已知：相对磁导率 μ_r，线圈匝数 N，通入线圈的电流 i 以及磁体的几何尺寸。

需求解：磁通 Φ，磁感应强度 B 和磁场强度 H。

（1）计算磁通势。从式（1.3.3）可计算出磁通势：

$$\mathscr{F} = Ni = 500 \times 0.1 = 50\,(\text{A})$$

（2）计算平均路径。从图 1.3.2 中，可计算出磁通流过的平均路径，且假设流过此路径的磁通相同。平均路径为

$$l_a = 4 \times 0.09 = 0.36\,(\text{m})$$

同时，磁路的截面积为

$$S = w \times \frac{l - 0.08}{2} = 0.01 \times \frac{0.1 - 0.08}{2} = 0.000\,1\,(\text{m}^2)$$

（3）计算磁路的磁阻。已知磁路平均路径长度和截面积，就可以计算其磁阻：

$$\mathscr{R} = \frac{l_a}{\mu S} = \frac{l_a}{\mu_r \mu_0 S} = \frac{0.36}{1\,000 \times 4\pi \times 10^{-7} \times 0.000\,1} \approx 2.865 \times 10^{6}\,(\text{A/Wb})$$

则相应的等效磁路如图 1.3.3 所示。

（4）计算磁通、磁感应强度、磁场强度。

磁路中磁通为

图 1.3.3　例 1.2 的等效磁路

$$\varPhi = \frac{\mathscr{F}}{\mathscr{R}} = \frac{50}{2.865 \times 10^{6}} = 1.75 \times 10^{-5}\,(\text{Wb})$$

磁感应强度为

$$B = \frac{\varPhi}{S} = \frac{1.75 \times 10^{-5}}{0.000\,1} = 0.175\,(\text{Wb/m}^2)$$

磁场强度为

$$H = \frac{B}{\mu} = \frac{0.175}{1\,000 \times 4\pi \times 10^{-7}} = 139\,(\text{A/m})$$

上述步骤表示了有关磁路计算的基本方法。其利用 3 个假设简化了问题的计算，这样仅需简单的几步就能得到问题的近似数值解。实际上，考虑磁通通过磁体时的漏磁通、边沿效应、非均匀分布，需要用到有限元方法求解三维方程。这种方法超出本书的范畴，不作讨论，但对实际工程设计是必要的。当给定磁通或磁感应强度，需要快速计算出所需的激磁电流的大小时，近似方法非常有用。

有关磁路问题的求解方法，总结见表 1.4。

表 1.4　磁路问题的求解方法

正问题	逆问题
已知：磁路几何尺寸、线圈参数（如匝数、激磁电流等） 求解：磁通 步骤： ① 计算磁通势； ② 计算每段磁路的长度和截面积； ③ 计算每段磁路的磁阻； ④ 绘出等效磁路，计算总的等效磁阻； ⑤ 计算磁通、磁感应强度和磁场强度等参数	已知：磁通或磁感应强度，磁路几何尺寸 求解：线圈匝数和所需的激磁电流 步骤： ① 在所需磁通下，计算总的等效磁阻； ② 绘出等效磁路； ③ 计算建立所需磁通要求的磁通势； ④ 计算所求磁通势下线圈的匝数或激磁电流的大小

考虑含空气隙的铁芯磁路，如图 1.3.4 所示。这种有气隙的磁路结构很常见，如为了使电机内部铁芯能自由旋转，需采用这样的结构。

图 1.3.4 中气隙的存在打破了磁通高导磁路径的连续性，为等效磁路增加了一个高磁阻项。这类似于在串联电路中加入了一个非常大的电阻。虽然必须要考虑两种不同的磁导率，但前面的基本概念仍然适用。

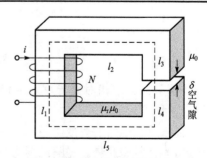

图 1.3.4　含空气隙的铁芯磁路

图 1.3.4 所示磁路的等效磁路如图 1.3.5 所示，其中 $\mathscr{R}_n$（$n=1$，2，…，5）是铁芯各段磁路的磁阻，$\mathscr{R}_g$ 是空气隙的磁阻，若假设各段铁芯磁路的截面积相同，为 S，则磁阻分别为

$$\mathscr{R}_1=\frac{l_1}{\mu_r\mu_0 S} \quad \mathscr{R}_2=\frac{l_2}{\mu_r\mu_0 S} \quad \mathscr{R}_3=\frac{l_3}{\mu_r\mu_0 S}$$

$$\mathscr{R}_4=\frac{l_4}{\mu_r\mu_0 S} \quad \mathscr{R}_5=\frac{l_5}{\mu_r\mu_0 S} \quad \mathscr{R}_g=\frac{\delta}{\mu_0 S_g}$$

需注意的是在空气隙磁阻的计算中，气隙长度为 δ，磁导率为 μ_0，但截面积 S_g 不同于铁芯的截面积 S。其原因在于磁感线穿过气隙时有边沿效应现象，磁感线不再通过高导磁率介质而出现变形膨胀，如图 1.3.6 所示。通常，磁感线通过气隙的截面积 S_g 要大于通过铁芯的截面积 S。

图 1.3.5　等效磁路　　　　图 1.3.6　空气隙中的边沿效应

【例 1.3】铁芯材料的相对磁导率 $\mu_r=10\,000$，其余参数示于图 1.3.7，计算磁路的等效磁阻和底部磁条的磁感应强度。

图 1.3.7　有空气隙的磁路

【解】已知：相对磁导率 $\mu_r=10\,000$，线圈匝数 $N=100$，励磁电流 $i=1$ A 以及磁路的几何尺寸。

需求解：磁路的等效磁阻 $\mathscr{R}$，底部磁条的磁感应强度 B_{bar}。

（1）计算磁通势。磁路的磁通势为

$$\mathscr{F} = Ni = 100 \times 1 = 100 \, (\text{A})$$

（2）计算平均路径长度。平均路径如图 1.3.8 所示，可分为三段，分别是上方倒"U"字形部分、空气隙和底部磁条部分。忽略底部磁条的厚度，则三段的平均长度分别为

$$l_{\text{U}} = l_1 + l_2 + l_3, \quad l_{\text{bar}} = l_4 + l_5 + l_6 \approx l_4, \quad l_{\text{gap}} = l_g + l_g$$

则 $l_{\text{U}} = 0.18 \, \text{m}$， $l_{\text{bar}} = 0.09 \, \text{m}$， $l_{\text{gap}} = 0.05 \, \text{m}$。

接下来，需计算每段磁路的截面积。对上方倒"U"字形部分，其截面积为 $S_{\text{U}} = 0.01^2 = 0.0001 \, (\text{m}^2)$。对底部磁条，其截面积为 $S_{\text{bar}} = 0.01 \times 0.005 = 0.00005 \, (\text{m}^2)$。对空气隙，考虑到边沿效应，根据经验，计算截面积时需加上空气隙的长度：

$$S_{\text{gap}} = (0.01 + 0.025)^2 = 0.0001562 \, 5 \, (\text{m}^2)$$

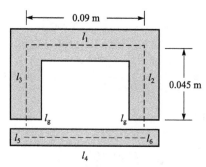

图 1.3.8 平均路径计算示意

（3）计算各段磁阻。现在已知各段磁路的平均长度、截面积和磁导率，则可分别计算其磁阻如下：

$$\mathscr{R}_{\text{U}} = \frac{l_{\text{U}}}{\mu_r \mu_0 S_{\text{U}}} = \frac{0.18}{10\,000 \times 4\pi \times 10^{-7} \times 0.0001} = 1.43 \times 10^5 \, (\text{A/Wb})$$

$$\mathscr{R}_{\text{bar}} = \frac{l_{\text{bar}}}{\mu_r \mu_0 S_{\text{bar}}} = \frac{0.09}{10\,000 \times 4\pi \times 10^{-7} \times 0.00005} = 1.43 \times 10^5 \, (\text{A/Wb})$$

$$\mathscr{R}_{\text{gap}} = \frac{l_{\text{gap}}}{\mu_0 S_{\text{gap}}} = \frac{0.05}{4\pi \times 10^{-7} \times 0.00015625} = 2.55 \times 10^8 \, (\text{A/Wb})$$

虽然空气隙的长度比铁磁介质的长度小很多，但其磁阻远大于铁磁介质的磁阻。其原因在于空气的磁导率远小于铁磁介质的磁导率。因此，该磁路的等效磁阻为

$$\mathscr{R} = \mathscr{R}_{\text{U}} + \mathscr{R}_{\text{gap}} + \mathscr{R}_{\text{bar}} \approx \mathscr{R}_{\text{gap}} = 2.55 \times 10^8 \, (\text{A/Wb})$$

由于空气隙磁阻远大于铁磁介质的磁阻，则忽略铁磁介质的磁阻值，只用空气隙磁阻计算磁通大小是合理的。

（4）计算磁通和底部磁条的磁感应强度。磁路中的磁通为

$$\Phi = \frac{\mathscr{F}}{\mathscr{R}} = \frac{100}{2.55 \times 10^8} = 3.92 \times 10^{-7} \, (\text{Wb})$$

则底部磁条的磁感应强度为

$$B_{\text{bar}} = \frac{\Phi}{S_{\text{bar}}} = \frac{3.92 \times 10^{-7}}{0.00005} = 7.84 \times 10^{-3} \, (\text{Wb/m}^2)$$

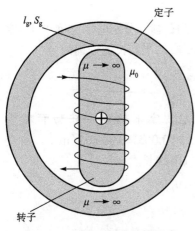

图 1.3.9　同步电机的结构示意

【例 1.4】图 1.3.9 所示为同步电机的结构示意。电机由定子和转子组成。转子绕组线圈匝数为 $N = 1\,000$，电流 $i = 10\,\text{A}$，转子顶端到定子的长度 $l_g = 0.01\,\text{m}$，截面积 $S_g = 0.2\,\text{m}^2$，定子、转子的相对磁导率趋于无穷大，即 $\mu_r \to \infty$。试计算通过空气隙的磁通和磁感应强度。

【解】已知：相对磁导率、线圈匝数、线圈电流和结构几何尺寸。

需求解：空气隙磁通 $\varPhi_{\text{gap}}$ 和磁感应强度 B_{gap}。

（1）计算磁通势。由公式可得磁通势为

$$\mathscr{F} = Ni = 1\,000 \times 10 = 10\,000\,(\text{A})$$

（2）计算磁路磁阻。空气隙磁阻远大于铁磁介质磁阻，故总的等效磁阻计算中，可忽略铁磁介质的磁阻：

$$\mathscr{R}_{\text{eq}} \approx 2\mathscr{R}_g = 2\frac{l_g}{\mu_0 S_g} = \frac{2 \times 0.01}{4\pi \times 10^{-7} \times 0.2} = 7.96 \times 10^4\,(\text{A/Wb})$$

（3）计算磁通和磁感应强度。

$$\varPhi = \frac{\mathscr{F}}{\mathscr{R}_{\text{eq}}} = \frac{10\,000}{7.96 \times 10^4} = 0.126\,(\text{Wb})$$

$$B = \frac{\varPhi}{S_g} = \frac{0.126}{0.2} = 0.63\,(\text{Wb/m}^2)$$

由于磁通势和空气隙面积较大，在本例有空气隙的磁路结构中，磁通和磁感应强度比前例要大很多。

【例 1.5】图 1.3.10 所示磁路结构中有两段空气隙。假设已知其结构尺寸，试确定其等效磁路。

【解】为简化分析，假设所有磁通均通过铁芯闭合，磁感应强度不变，铁芯磁阻可忽略。

（1）计算磁通势。

$$\mathscr{F} = Ni$$

（2）计算磁阻。已知磁路的长度和截面积，则可分别计算两段空气隙的等效磁阻：

$$\mathscr{R}_1 = \frac{l_1}{\mu_0 S_1} \qquad \mathscr{R}_2 = \frac{l_2}{\mu_0 S_2}$$

（3）计算磁通和磁感应强度。此处，磁通被分成两路，因此每路空气隙的磁通不同，有

$$\varPhi_1 = \frac{\mathscr{F}}{R_1} = \frac{Ni\mu_0 S_1}{l_1}$$

$$\varPhi_2 = \frac{\mathscr{F}}{R_2} = \frac{Ni\mu_0 S_2}{l_2}$$

则由线圈产生的总磁通为

$$\varPhi = \varPhi_1 + \varPhi_2$$

图 1.3.10　有两段空气隙的磁路

其等效磁路如图 1.3.11 所示，其形式与电阻并联电路类似。

【例1.6】图 1.3.4 中，线圈匝数 N 为 500，磁性材料的相对磁导率 μ_r 为无穷大，空气隙长度 $l_g = 0.002$ m，截面积 $S_g = 0.000\,1$ m^2。（1）若通入电流 $i = 0.1$ A，试求磁体的电感量和存储的能量大小；（2）假设空气隙中的磁感应强度 $B(t) = 0.6\sin(314t)$（Wb），试求线圈两端的感应电压 e。

图 1.3.11　有两段空气隙的等效磁路

【解】（1）为了计算电感，需先计算磁体的磁阻

$$\mathscr{R}_g = \frac{l_g}{\mu_0 S_g} = \frac{0.002}{4\pi \times 10^{-7} \times 0.000\,1} = 1.59 \times 10^7 \text{（A/Wb）}$$

则磁体的电感量

$$L = \frac{N^2}{\mathscr{R}} = \frac{500^2}{1.59 \times 10^7} = 0.015\,7 \text{（H）}$$

那么，磁体中存储的能量

$$W_m = \frac{1}{2}Li^2 = \frac{1}{2} \times 0.015\,7 \times 0.1^2 = 7.85 \times 10^{-5} \text{（J）}$$

（2）变化的磁通产生感应电动势，则

$$e = -\frac{\mathrm{d}\lambda}{\mathrm{d}t} = -N\frac{\mathrm{d}\Phi}{\mathrm{d}t} = -NS_g\frac{\mathrm{d}B(t)}{\mathrm{d}t} = -500 \times 0.000\,1\frac{\mathrm{d}}{\mathrm{d}t}(0.6\sin 314t)$$
$$= -9.42\cos(314t) \text{（V）}$$

1.3.3　交流磁路和直流磁路的特点

磁路按照励磁电流种类的不同，可以分为直流磁路和交流磁路。

1. 直流磁路

直流磁路励磁线圈中通入的电流是直流电流，其特点是：

（1）直流磁路中的磁通 Φ 是恒定的，所以以线圈中不会产生感应电动势，因此，可以把磁路与线圈电路分开来进行分析研究。这时线圈电路中的电压、电流关系与一般直流电路相同，可以独立进行分析计算，其电流只取决于线圈电阻 R 及所加的端电压 U，即符合电路的欧姆定律 $I = U/R$。

（2）恒定磁通的磁路中不存在功率损耗，这时的全部功率损耗只有线圈电路的电阻损耗（I^2R），这种功率损耗称为铜损。

直流电机、直流电磁铁等就是直流磁路的典型运用。

2. 交流磁路

交流磁路的励磁线圈中通入的是交流电流，这时发生在磁路中的物理现象要比直流磁路复杂得多。其特点是：

（1）交流励磁电流在磁路中产生周期性变化的磁通，这种交变磁通又在线圈中产生感应电动势，并反过来对电流产生影响。这时线圈电路与磁路已成为一个整体，必须将其结合起

来分析研究，所以这时的线圈电路称作交流铁心线圈电路。

（2）除了在线圈电路中产生的铜损之外，交变磁通还在铁芯中产生涡流损耗和磁滞损耗，这种发生在铁芯中的功率损耗称为铁损。因此，在交流铁芯线圈电路中存在两种功率损耗：铜损和铁损。

1.3.4　交流磁路中的电磁关系

下面以图 1.3.12 为例，讨论交流铁芯线圈电路中的电磁关系、电压电流关系等。

图 1.3.12　交流铁芯线圈磁路

1. 各电磁量的关系和它们的正方向

励磁线圈的匝数是 N，外加正弦交流电压 u，励磁电流为 i，磁通势为 Ni，在磁通势的作用下将建立交变磁场，它所产生的磁通分为两部分：绝大部分沿铁芯闭合，称这部分磁通为主磁通或工作磁通，用 Φ 表示；另外还有很少一部分磁通杂散在线圈周围空间，沿空气或其他非磁性材料闭合，这部分磁通叫漏磁通，用 Φ_0 表示。因为空气的磁导率 μ_0 远小于磁性材料的磁导率 μ，因此，漏磁通 Φ_0 也远小于主磁通 Φ。在交流磁路中，Φ 和 Φ_0 都是交变的，它们分别在线圈中产生感应电动势 e 和 e_0。以上各电磁量的关系可以用如下方式表示：

$$u \longrightarrow i(Ni) \quad \begin{array}{l} \nearrow \text{主磁通}\Phi \longrightarrow e=-N\dfrac{\mathrm{d}\Phi}{\mathrm{d}t} \\ \searrow \text{漏磁通}\Phi_0 \longrightarrow e_0=-N\dfrac{\mathrm{d}\Phi_0}{\mathrm{d}t} \end{array}$$

有关各电磁量的正方向已经表示在图 1.3.12 中，它们是根据以下原则确定的：电压 u 的正方向按习惯取上正下负，电流 i 与电压 u 之间是关联正方向。磁通 Φ 和 Φ_0 与 i 的正方向之间符合右手螺旋法则。而感应电动势 e 和 e_0 的正方向与磁通 Φ 和 Φ_0 之间均应符合电磁感应定律 $e=-N\dfrac{\mathrm{d}\Phi}{\mathrm{d}t}$ 中对负号的规定，即感应电动势 e 和 e_0 的正方向与磁通 Φ 和 Φ_0 的正方向之间也符合右手螺旋法则。这样感应电动势 e 和 e_0 的正方向和电流 i 的正方向一致，在图中表示为自线圈上方指向下方（电动势的正方向自"－"端指向"＋"端）。

2. 主磁通与感应电动势

当线圈外接正弦交流电压时，可近似认为铁芯中的主磁通 Φ 也是按照正弦规律变化的。

设主磁通

$$\Phi = \Phi_{\mathrm{m}} \sin \omega t$$

则感应电动势

$$e = -N\frac{d\Phi}{dt} = -N\frac{d}{dt}(\Phi_m \sin\omega t)$$

$$= -N\omega\Phi_m \cos\omega t$$

$$= 2\pi fN\Phi_m \sin(\omega t - 90°)$$

记 $E_m = 2\pi fN\Phi_m$ 为主磁通产生的感应电动势的幅值，其有效值为

$$E = \frac{E_m}{\sqrt{2}} = \frac{2\pi fN\Phi_m}{\sqrt{2}} \approx 4.44 fN\Phi_m \qquad (1.3.9)$$

式中，f 是电源的频率，N 是线圈的匝数，Φ_m 是主磁通的幅值。这个公式十分重要，是分析变压器、电动机的工作原理的重要依据，请注意理解与掌握。

3. 电压平衡方程

励磁线圈内除了感应电动势 e 和 e_0 之外，还有一定的电阻 R，电流通过时要产生电阻压降。按照图 1.3.12 中交流铁芯线圈磁路所规定的各电量的正方向，根据基尔霍夫电压定律可得电压平衡方程

$$u = iR + (-e) + (-e_0) \qquad (1.3.10)$$

当外加电压 u 为正弦交流电压时，电流 i 亦可视为正弦交流电流，式（1.3.10）写成相量形式：

$$\dot{U} = \dot{I}R + (-\dot{E}) + (-\dot{E}_0) = \dot{I}R + \dot{U}' + \dot{U}_0 \qquad (1.3.11)$$

式（1.3.11）表明，外加电压用来平衡电阻压降 $\dot{I}R$、漏磁通引起的电压降 $\dot{U}_0 = -\dot{E}_0$ 和主磁通引起的电压降 $\dot{U}' = -\dot{E}$ 三部分电压降。因为根据楞次定律，感应电动势具有阻碍电流变化的作用，所以必须用电源电压的一部分来与之平衡。

在一般情况下，线圈导线的电阻 R 很小，电阻压降 IR 就很小；同时漏磁通 Φ_0 也很小，其感应电动势引起的电压降（$U_0 = E_0$）也很小，二者均可略去不计，故有

$$\dot{U} \approx -\dot{E} \qquad (1.3.12)$$

有效值

$$U \approx E = 4.44 fN\Phi_m \qquad (1.3.13)$$

式（1.3.13）表明，电源电压 U 和频率 f 保持不变时，只要线圈的匝数 N 是定值，主磁通的幅值 Φ_m 就基本不变。这一性质称为恒磁通原理，它对于分析交流电磁铁、变压器等的工作原理是很有用的。

1.4　磁性材料和 B–H 特性曲线

在前述磁路分析中，相对磁导率 μ_r 被看作常数来处理。但事实上，磁感应强度 B 和磁场强度 H 的关系 $B = \mu H = \mu_r\mu_0 H$ 并非线性。磁性材料的相对磁导率也不是常数，而是磁场强度的函数。实际上，所有磁性材料都有磁饱和现象，即磁感应强度随磁场强度线性增加到一定程度后，就不随之改变。图 1.4.1 所示的磁性材料的 B–H 特性曲线是非线性的，磁导率 μ 的值取决于磁场强度的大小。根据在外磁场作用下，物质所表现的磁化性能的不同，物质可以分为两大类。一类是非磁性材料，如铜、铝、纸、空气等，它们在外磁场的作用下，基本上不表现出磁性，磁导率 μ 不随磁场强度的大小而变化，近似等于常数，且 $\mu \approx \mu_0$，即相对磁导

率 $\mu_{\mathrm{r}} \approx 1$。另一类是磁性材料，它们在外界磁场的作用下会被强烈地磁化，并大大增强原有的外磁场。因此磁性材料的磁导率 μ 很大，可为 μ_0 的几百到几千倍，例如电机中所用磁性材料的相对磁导率 $\mu_{\mathrm{r}} = 2\ 000 \sim 6\ 000$。磁性材料是构成磁路的主要材料。常用的磁性材料有铁、镍、钴及其合金。

图 1.4.1　$B-H$ 曲线

磁性材料具有高导磁性、磁饱和性和磁滞性。

1.4.1　高导磁性

磁性材料的磁导率 μ 很高，这表明它们在外磁场的作用下被强烈磁化，产生的附加磁场大大加强了原来的外磁场。

为什么磁性材料具有能够被强烈磁化的特性呢？这可以用磁畴的理论来解释。在磁性材料的分子中，分子电流产生磁场，每个分子就相当于一个小磁铁。在没有外磁场作用时，磁性材料内部已经形成一个个小区域，在每个小区域内，分子电流形成的小磁铁都已排列整齐，显示磁性。这些具有自发磁化性质的小区域叫磁畴。在没有外磁场作用时，各个磁畴的取向不同，排列杂乱无章，对外界的作用相互抵消，不显示宏观的磁性，如图 1.4.2（a）所示。

当把磁性材料置于外磁场中，在外磁场的作用下，各磁畴沿外磁场方向取向，产生了附加磁场。而且随着外磁场的加强，会有更多的磁畴逐渐转到与外磁场相同的方向，从而大大加强了外磁场，即磁性材料被强烈地磁化了，如图 1.4.2（b）所示。

磁性材料的这一特性，使得用较小的励磁电流就可以产生足够强的磁场，并使磁感应强度 B 足够大。因此在工程上凡是需要强磁场的场合，如在电机、变压器、电磁铁和电磁仪表等电气设备中，都广泛采用磁性材料构成磁路。

图 1.4.2　磁性材料的磁化

（a）未磁化时；（b）磁化后

1.4.2　磁饱和性

为了便于理解磁性材料的磁饱和现象，需要简要地回顾磁化的机理。电子的旋转使电荷运动，进而引起了材料的磁效应。对大多数材料而言，电子的旋转运动从宏观来看被抵消了，因而表现不出总的磁效应。但在铁磁材料中，原子能对齐，因此电子旋转引起净磁化效应。在磁性材料中，存在叫作磁畴的有较强磁性的小区域。磁畴未被磁化时，其极性随机分布，从总体来看，磁畴间彼此相互抵消，从而不显示磁性。当材料被磁化时，磁畴极性趋向于排列一致，其一致程度取决于施加的磁场强度。

实际上，材料内的大量微小磁体被外部磁场极化。随着磁场强度的增加，越来越多的磁畴趋向于排列一致。当所有的磁畴都排列一致后，再增加磁场强度不再使磁感应强度增加。在前节中，磁通随磁通势的增加而成比例增加，如图 1.4.1 所示，该关系仅在线性区成立。当进入饱和区后，再增加激磁电流，磁通不再随着增加。

1.4.3　磁滞性与涡流

与线性 $B-H$ 曲线的理想模型相背离的还有两个现象：涡流和磁滞。涡流由铁芯中的时变磁通产生。因为时变磁通将产生感应电压，从而产生电流。当铁芯内有时变磁通时，感应电压将在铁芯内产生涡流，其电流大小取决于材料的电阻率。如图 1.4.3 所示，这些电流将以热能的形式消耗能量。选择高电阻率材料或者用叠片铁芯，可减小涡流。叠片绝缘层在叠片间引入了微小且不连续的空气隙，在不影响铁芯的磁性能的情况下，大大减小了涡流。

图 1.4.3　磁体中的涡流现象

磁滞损耗是磁性材料中的另一种损耗，其机理与材料的磁化特性有关。当励磁线圈中通入大小及方向均改变的交流电流时，磁性材料受到反复磁化。当电流变化一个周期时，磁感应强度 B 随磁场强度 H 的变化规律如图 1.4.4 所示。励磁电流从 0 开始增加，$B-H$ 曲线亦从坐标原点开始变化。当电流达到正最大值，H 加大到确定值 $+H_m$ 时，$B-H$ 曲线变化到"1"点，然后励磁电流减小，$B-H$ 曲线则沿 1—2 规律变化，当 H 减小到 0 值时，B 并不为 0，仍保留部分磁性，称为剩磁，用 B_r 表示。若要剩磁消失，使 $B=0$，

图 1.4.4　磁滞回线

则应在励磁线圈中通入反向电流（此时 H 是负值），对应该值的磁场强度是 H_C，被称为矫顽磁场强度（又称矫顽力）。这种现象表明磁性材料在反复磁化时，磁感应强度 B 的变化滞后于磁场强度 H 的变化，称为磁滞现象。

磁性材料在幅值一定的交流电作用下，反复磁化，可以得到一个封闭的回线。这种回线称为磁滞回线。用磁滞回线分析和计算磁路问题是非常复杂的，为了简化磁路的计算，通常都用一条基本磁化曲线来代表磁性材料的 $B\text{-}H$ 关系。它的做法是：用不同幅值的交流电流对磁性材料反复磁化，可以得到一族不同的磁滞回线，连接各磁滞回线在第一象限的正向顶点所形成的曲线就是基本磁化曲线，简称磁化曲线。它具有平均值的特点，并且和原始磁化曲线相近。今后就用基本磁化曲线来表示磁性材料的 $B\text{-}H$ 关系，并进行工程计算。

图 1.4.5 给出了几种常用磁性材料的基本磁化曲线，可供分析、计算磁路问题时查阅。

图 1.4.5　常用磁性材料的基本磁化曲线

由于磁性材料成分与制造工艺的不同，它们的磁滞回线也各不相同。工程上按矫顽磁场强度 H_C 的不同，将磁性材料分为硬磁材料和软磁材料两类。软铁、硅钢、铁镍合金等材料的磁滞回线很窄，属于软磁材料。这种材料易于磁化也容易去磁，适用于制作电机、变压器等电气设备的铁芯（磁路）。而钴钢等一些特殊合金的磁滞回线很宽，属于硬磁材料，它们的剩磁 B_r 和矫顽磁场强度 H_C 都较大，适合于制作永久磁铁等永磁器件。

在交变磁场中铁芯反复磁化，磁性材料的内部磁畴反复取向，发生摩擦，亦使铁芯发热，产生功率损耗，这种损耗称为磁滞损耗。可以证明，在频率一定的情况下，铁芯反复磁化一次所产生的磁滞损耗与磁滞回线所包围的面积成正比，即与磁性材料的性质有关。采用硅钢片制成的铁芯，其磁滞回线所包围的面积较小，可以减小铁芯的磁滞损耗。

1.5　机电能量转换

显然，机-电-磁装置能将机械力和位移转换为电磁能量，反之亦然。本节主要关注机-电-磁系统能量转换的基本原理及其应用。所谓能量变换器，即能将电能转换为机械能（如电动机）或反之将机械能转换为电能（如传感器）的装置。

机电转换的物理结构有多种，其基本形式有压电效应〔晶体（如石英）承受压力时其电场产生变化]、电致伸缩和磁致伸缩效应（材料几何尺寸的变化导致其电或磁性质的变化）。虽然这些效应有很广泛的应用，但本节仅考虑通过磁场将电能转换为机械能的机电转换器。后面的章节将讨论的旋转机械（电动机和发电机）也适用于本节所述的基本定义。

1.5.1　磁结构中的力

存储在磁场中的能量通过磁场耦合，可将电能转换为机械能，反之亦然。接下来讨论机械力和相应的电磁量的计算，这些计算在机电转换器的设计和应用中非常重要，例如在机电装置中如何计算产生给定磁力所需电流的大小。

机电系统不仅包含电系统和机械系统，还包括二者之间的相互作用。理解电系统和机械系统之间通过磁场的耦合，机电能量转换的基本原理，在电磁场中各种能量存储和损耗的机理，是本节的重点。图 1.5.1 所示为机电系统间的耦合及其损耗。

图 1.5.1　机电系统间的耦合及其能量损耗

可动铁芯式转换器是一种重要的电 – 磁 – 机能量转换器，这里将推导磁力的表达式，给出在电磁铁、螺线管和继电器中的计算应用实例。图 1.5.2 所示为可动铁芯式能量转换器的简单实例，其中倒 "U" 字形铁芯固定不动，而条形铁芯可移动，施加于线圈的电流、可动条形铁芯的位移以及作用于空气隙的电磁力之间的关系，是关注的焦点。

一质量块要产生位移，必须要做功，而做功相应改变了存储在电磁场中的能量。图 1.5.2 中 f_e 表示作用于条形铁芯上的电磁力，x 表示其位移，其方向如图所示。那么电磁场中的静功 W_m 等于电路所做功与机械功之和，则对功的增量，有

图 1.5.2　可动铁芯式电磁铁

$$\mathrm{d}W_m = ei\mathrm{d}t - f_e\mathrm{d}x \tag{1.5.1}$$

其中，e 为线圈的电动势。考虑电动势 e 等于磁链的导数，进一步有

$$\mathrm{d}W_m = ei\mathrm{d}t - f_e\mathrm{d}x = i\frac{\mathrm{d}\lambda}{\mathrm{d}t}\mathrm{d}t - f_e\mathrm{d}x = i\mathrm{d}\lambda - f_e\mathrm{d}x \tag{1.5.2}$$

或

$$f_e\mathrm{d}x = i\mathrm{d}\lambda - \mathrm{d}W_m \tag{1.5.3}$$

图 1.5.2 所示磁路中，磁通与两个变量有关：流入线圈的电流和条形铁芯的位移。这两个量都会引起磁路中磁通的变化。同理，电磁场中存储的能量也与电流和可动铁芯的位移有关，因此式（1.5.3）改写为

$$f_e \mathrm{d}x = i\left(\frac{\partial \lambda}{\partial i}\mathrm{d}i + \frac{\partial \lambda}{\partial x}\mathrm{d}x\right) - \left(\frac{\partial W_m}{\partial i}\mathrm{d}i + \frac{\partial W_m}{\partial x}\mathrm{d}x\right) \tag{1.5.4}$$

由于电流 i 和位移 x 分别独立，有

$$f_e = i\frac{\partial \lambda}{\partial x} - \frac{\partial W_m}{\partial x} \tag{1.5.5}$$

$$0 = i\frac{\partial \lambda}{\partial i} - \frac{\partial W_m}{\partial i} \tag{1.5.6}$$

从式（1.5.5），有

$$f_e = \frac{\partial}{\partial x}(i\lambda - W_m) = \frac{\partial W_c}{\partial x} \tag{1.5.7}$$

式中，W_c 即为式（1.1.17）中的共能量 W_m'。吸引条形铁芯向倒 "U" 字形铁芯移动的力 f 与电磁力 f_e 方向相反：

$$f = -f_e = -\frac{\partial}{\partial x}(W_c) = -\frac{\partial W_m}{\partial x} \tag{1.5.8}$$

式（1.5.8）中，假设电磁能量与共能量相等。而从图 1.1.7 可见，通常电磁能量和共能量并不相等。只有当 $\lambda - i$ 曲线是线性时，二者才相等。因此式（1.5.8）描述了线性磁路中，作用于可动铁芯上的磁力与存储在磁场中的能量相对其位移的变化率成正比。

为了确定磁体中磁力的大小，需首先计算出存储在磁场中的能量大小。为了简化分析计算，假设磁路是线性的。当然，这是一种近似分析方法，忽略了诸如 $\lambda - i$ 曲线的非线性和磁性材料的铁芯损耗等。在线性条件下，磁路中存储的能量为

$$W_m = \frac{\Phi \mathscr{F}}{2} \tag{1.5.9}$$

而磁通和磁通势有如下关系：

$$\Phi = \frac{Ni}{\mathscr{R}} = \frac{\mathscr{F}}{\mathscr{R}} \tag{1.5.10}$$

则存储的能量为

$$W_m = \frac{\Phi^2 \mathscr{R}(x)}{2} \tag{1.5.11}$$

式中，磁阻为可动铁芯位移的函数。作用于可动铁芯的电磁力可近似计算如下：

$$f = -\frac{\mathrm{d}W_m}{\mathrm{d}x} = -\frac{\Phi^2}{2}\frac{\mathrm{d}\mathscr{R}(x)}{\mathrm{d}x} \tag{1.5.12}$$

【例 1.7】 图 1.5.2 中，电磁铁由实心钢支撑，磁路截面积 $S = 0.01\ \mathrm{m}^2$，可动铁芯位移 $x = 0.001\ 5\ \mathrm{m}$，作用于可动铁芯的电磁力大小 $|f| = 8\ 900\ \mathrm{N}$，试计算所需施加的最小线圈电流。

【解】 忽略铁芯磁阻与空气隙磁路的边沿效应。为了计算所需的励磁电流，首先需计算磁路中空气隙磁阻的大小，然后确定磁路中的磁通，即可求得所需励磁电流的大小。

磁路中磁阻的大小为

$$\mathscr{R}(x)=\frac{2x}{\mu_0 S}=\frac{2x}{4\pi\times10^{-7}\times0.01}=1.59\times10^8\,x\,(\text{A/Wb})$$

令上式中 $\alpha=1.59\times10^8$，则 $\mathscr{R}(x)=\alpha x$，而磁通

$$\Phi=\frac{Ni}{\mathscr{R}(x)}=\frac{Ni}{\alpha x}$$

空气隙中磁力的大小

$$|f|=\frac{\Phi^2}{2}\frac{\mathrm{d}\mathscr{R}(x)}{\mathrm{d}x}=\frac{\left(\frac{Ni}{\alpha x}\right)^2}{2}\frac{\mathrm{d}(\alpha x)}{\mathrm{d}x}=\frac{(Ni)^2}{2(\alpha x)^2}\alpha=\frac{N^2 i^2}{2\alpha x^2}$$

$$\Rightarrow i=\pm\sqrt{\frac{2\alpha x^2|f|}{N^2}}=\pm\sqrt{\frac{2\times1.59\times10^8\times(0.0015)^2\times8\,900}{700^2}}=\pm3.61\,(\text{A})$$

随着空气隙逐渐变小，空气隙磁阻也随之减小，到一定程度铁芯磁阻就不能忽略。当空气隙为零时，即条形可动铁芯与倒"U"字形铁芯接触，所需电流达到最小。反之，若条形铁芯初始距倒"U"字形铁芯大于例中的初始位移值，则要达到相同的电磁力所需的电流要远大于示例所计算的电流。在图 1.5.2 所示磁路中，磁阻 $\mathscr{R}(x)=\frac{2x}{\mu_0 S}$，则电磁力

$$|f|=\frac{\Phi^2}{2}\frac{\mathrm{d}\mathscr{R}(x)}{\mathrm{d}x}=\frac{\Phi^2}{2}\times\frac{2}{\mu_0 S}=\left(\frac{\Phi}{S}\right)^2\frac{S}{\mu_0}=\frac{1}{\mu_0}B^2 S \qquad (1.5.13)$$

式（1.5.13）中，S 为空气隙的截面积，B 为空气隙中的磁感应强度。

【例1.8】图 1.5.3 所示为一简化的螺线管模型，弹簧提供了活塞的恢复力。若已知结构参数 $a=0.01$ m，空气隙长度 $l_g=0.001$ m，弹簧弹性常数 $k=10$ N/m。

（1）推导作用于活塞上的力与活塞位置 x 的关系式；

（2）当活塞到达最终位置（$x=a$）时，确定拉动活塞所需的磁通势。

【解】（1）作用于活塞的力。为了计算推动活塞运动的电磁力的通用表达式，需推导活塞在空气隙中力的表达式。根据式（1.5.12），需先求解磁阻和磁通的大小。忽略铁芯磁阻，空气隙磁阻与可动铁芯移动形成的空气隙的面积有关：

$$\mathscr{R}_g(x)=\frac{2l_g}{\mu_0 S_g}=\frac{2l_g}{\mu_0 ax}$$

空气隙磁阻相对活塞位移的导数为

$$\frac{\mathrm{d}\mathscr{R}(x)}{\mathrm{d}x}=\frac{-2l_g}{\mu_0 ax^2}$$

磁阻已知，则可计算磁路中的磁通：

$$\Phi=\frac{Ni}{\mathscr{R}(x)}=\frac{Ni\mu_0 ax}{2l_g}$$

则，空气隙中电磁力的大小为

$$f_g = \frac{\Phi^2}{2}\frac{\mathrm{d}\mathscr{R}(x)}{\mathrm{d}x} = \frac{(Ni\mu_0 ax)^2}{8l_g^2}\frac{-2l_g}{\mu_0 ax^2} = -\frac{\mu_0 a(Ni)^2}{4l_g}$$

图 1.5.3　螺线管模型

可见，空气隙中力的大小与激磁电流的平方成正比，而与活塞的位置无关。

（2）计算磁通势。磁力必须克服弹簧力，因此 $f_g = kx = ka$。对题设值，有

$$f_g = ka = 10 \times 0.01 = 0.1\text{N}$$

则磁通势为

$$Ni = \sqrt{\frac{4l_g f_g}{\mu_0 a}} = \sqrt{\frac{4 \times 0.001 \times 0.1}{4\pi \times 10^{-7} \times 0.01}} = 178.4（\text{A}）$$

当线圈匝数足够大时，用较小的励磁电流即可获得所需的磁通势。

继电器是工业控制中常见的电磁装置。继电器实质上是一种通过磁路接通或关断电触点的机电开关。继电器的结构如图 1.5.4 所示，其工作过程如下：当线圈通入 220 V 交流电时，有电流流过线圈而产生磁场，产生电磁力驱使动衔铁向固定端运动，导致电触点 C_1 或 C_2 的两端接触，从而可使较大电流流过，驱动负载工作。继电器的作用是用小电流控制触点的闭合和断开，从而控制大电流的通断。下面的例子说明了简单继电器的电气特性和机械原理。

图 1.5.4　继电器

【**例 1.9**】图 1.5.5 所示为简化的继电器的模型。已知空气隙截面积 $S_g = 0.000\,1\text{ m}^2$，动衔铁的位移 $x = 0.05\text{ m}$，弹簧的恢复力 $f_r = 5\text{ N}$，线圈匝数 $N = 10\,000$，其他参数见图示。试确定使继电器触点闭合所需的激磁电流。

图 1.5.5　继电器的例子

【**解**】空气隙磁阻为

$$\mathscr{R}_g(x) = \frac{2x}{\mu_0 S_g}$$

则磁阻相对动衔铁的位移的导数为

$$\frac{\mathrm{d}}{\mathrm{d}x}\mathscr{R}_g(x) = \frac{2}{\mu_0 S_g}$$

且磁路中的磁通为

$$\varPhi = \frac{Ni}{\mathscr{R}_g(x)} = \frac{Ni\mu_0 S_g}{2x}$$

则当动衔铁位于 x 时，产生的电磁力

$$f_g = \frac{\varPhi^2}{2}\frac{\mathrm{d}\mathscr{R}_g(x)}{\mathrm{d}x} = \frac{(Ni\mu_0 S_g)^2}{8x^2}\frac{2}{\mu_0 S_g} = \frac{\mu_0 S_g (Ni)^2}{4x^2}$$

动衔铁需克服弹簧力，因此 $f_r = f_g$，则所需电流

$$i = \frac{2x}{N}\sqrt{\frac{f_r}{\mu_0 S_g}} = \frac{2\times 0.05}{10\,000}\sqrt{\frac{5}{4\pi\times 10^{-7}\times 0.000\,1}} \approx 1.995\text{（A）}$$

因为继电器的触点闭合，空气隙为零，此时磁阻很小，因此使触点闭合的电流要远大于保持触点闭合所需的电流。

1.5.2　直流电磁铁和交流电磁铁

1. 直流电磁铁

直流电磁铁是直流磁路的一种典型应用，具有直流磁路的特点。

直流电磁铁的励磁电流是恒定不变的，所以在一定的气隙下，磁路中的磁通也是恒定不变的，因此不存在铁芯损耗（涡流和磁滞损耗）。结构上，直流电磁铁的铁芯可以用整块的磁性材料如铸钢、软钢等制成。

直流电磁铁线圈通电，在衔铁被吸合的前、后，电磁吸力是不相同的。因为直流电磁铁的励磁电流的大小只取决于电源电压 U 和线圈电阻 R（感应电动势为 0），现二者都是恒定不变的，电流 I 和磁通势 NI 就是定值。衔铁未被吸合时，磁路中有空气隙，磁路的磁阻很大，根据磁路的欧姆定律，磁通 $\varPhi$（或磁感应强度 B）数值较小，电磁吸力 f 相应就较小。电磁铁吸合后，空气隙基本消失，磁路的磁阻减小，而电流 I 和磁通势 NI 保持不变，使磁通 $\varPhi$（或磁感应强度 B）的数值增大，电磁吸力 f 增大。

由此可知，在直流电磁铁的衔铁被吸合的过程中，电磁吸力逐渐增大，衔铁完全被吸合

后，电磁吸力最大。衔铁吸合前后，线圈中的电流不变。

2. 交流电磁铁

交流电磁铁的工作原理与直流电磁铁的工作原理基本相同。但是由于交流电磁铁励磁线圈中通入的是交流电流，在铁芯中所产生的磁通也是交变的，所以交流电磁铁具有如下特点：

第一，交变磁通在铁芯中产生涡流和磁滞损耗，为了减小这两种损耗，它的铁芯必须用硅钢片叠制而成。

第二，交变磁通所产生的电磁吸力也是随时间变化的，电磁吸力的瞬时值 f 随时间变化的规律如图 1.5.6 中的曲线所示，它表明电磁吸力 f 随时间在零值和最大值 F_m 之间脉动变化。衔铁被吸合的效果取决于瞬时吸力 f 在一个周期内的平均值 F。

值得注意的是，对于频率为 50 Hz 的交流电源来说，电磁吸力 f 在 1 s 内就有 100 次为零、100 次为最大值 F_m。当电磁吸力 f 为零时，复位弹簧将衔铁从与铁芯闭合处拉开；当电磁吸力 f 大于复位弹簧的反作用力时，衔铁又被吸合。这就引起了衔铁的频繁振动，既产生了噪音，又使铁芯的端面部分产生机械磨损，降低了电磁铁的使用寿命。

为了消除衔铁的振动，可以在铁芯的某一端面部分套上一个短路铜环，如图 1.5.7 所示。当交变磁通穿过具有短路铜环的铁芯时，会分成两个分量。由励磁线圈电流产生的穿过不具有短路铜环的磁通分量是 Φ_2，而穿过短路铜环的磁通分量则是 Φ_1。因为励磁线圈电流产生的磁通穿过短路铜环时，必然会在短路铜环内产生感应电动势和感应电流，这个感应电流要阻碍磁通的变化，从而使 Φ_1 与 Φ_2 之间产生了相位差。这样，这两部分磁通之和以及电磁吸力便不会同时是零，也不会同时到达最大值，避免了衔铁的振动，降低了噪声。

第三，在使用中应该注意的是，交流铁芯线圈通入电流后，衔铁应立即吸合。倘若因某种原因，如机械上被卡住，衔铁不能吸合，则励磁线圈将因电流长时间过大，温升过高而烧毁。

图 1.5.6　脉动的电磁力

图 1.5.7　短路铜环

出现这种情况的原因是根据公式 $U \approx 4.44 f N \Phi_m$，在电源频率 f 和线圈匝数 N 一定时，Φ_m 只取决于电源电压 U，而与其他因素无关。当 U 一定时，主磁通 Φ_m 基本上保持不变，此即恒磁通原理。

以上分析表明，交流电磁铁在衔铁吸合前、后的 Φ_m 值基本上是不变的。在衔铁吸合前，磁路中包含空气隙，磁路的磁阻大；在衔铁吸合后，磁路中不含空气隙，磁阻显著变小。

为了维持同样大小的主磁通 Φ_{m}，衔铁吸合前，励磁线圈的磁通势 NI 要比衔铁吸合后大得多，即衔铁吸合前的电流大于吸合后的电流。由于线圈通电后，衔铁的吸合过程所需时间极短，电磁铁长时间工作在吸合状态，所以电磁铁都是按照吸合时的发热情况设计的。为此，要防止线圈通电后衔铁受阻卡住或吸合不紧，否则会因长时间过流而将线圈烧毁。同样的原因，交流电磁铁不宜过分频繁操作。

凡是利用交流电磁铁作为动力的交流电器，如交流接触器（将在第 6 章介绍）等都同样存在上述问题，在使用中应该加以注意。

习　题

1.1　若某磁场的磁通在 2 s 内从 80 mWb 均匀变小到 30 mWb，则在 100 匝的线圈中产生的感应电压为多少伏？

1.2　如果某磁性材料的磁链–电流关系为 $\lambda = 6i(2i+1)$，试确定当 $\lambda = 2$ Wb 时，磁场中存储了多少焦耳的能量？

1.3　一个均匀铁芯磁路，材料是一般电工钢片，磁路截面积 $S = 5$ cm²，磁路的平均长度 $l = 0.3$ m，$N = 600$，磁路中的磁通 $\Phi = 6\times10^{-4}$ Wb。

（1）计算励磁电流 I；

（2）计算磁性材料的相对磁导率 μ_r 和该磁路的磁阻 $\mathscr{R}_m$。

1.4　在 1.3 题所示的磁路中开一个空气隙，空气隙的长度是 2 mm，其他条件不变。若仍在该磁路中建立磁通 $\Phi = 6\times10^{-4}$ Wb，则

（1）计算励磁电流 I；

（2）计算空气隙的磁阻。

1.5　假设磁性材料的相对磁导率 μ_r 为无穷大，磁路结构如题图 1.1 所示，空气隙长度 $\delta = 2$ mm，铁芯的截面积 $S = 1$ mm²，线圈匝数 $N = 500$，励磁电流 $i = 0.5$ A，考虑空气隙的边沿效应，试求空气隙中的磁通和磁体中的磁感应强度的大小。

1.6　磁路如题图 1.2 所示，若 $\mathscr{R}(x) = 7\times10^{8}(0.002+x)$ H⁻¹（x 为空气隙或可动铁芯的位移，单位为 m），线圈匝数 $N = 980$，线圈电阻 $R = 30$ Ω，若线圈两端所加电压为 120 V 的直流电压，试求：

题图 1.1　习题 1.5 图

题图 1.2　习题 1.6 图

（1）当可动铁芯位移 $x=0.005$ m 时，磁场中存储能量的大小；

（2）当可动铁芯位移 $x=0.005$ m 时，电磁力的大小。

1.7 磁路如题图 1.3 所示，磁路各段几何尺寸分别为 $l_1=30$ cm，$S_1=100$ cm²，$l_2=10$ cm，$S_2=25$ cm²，$l_3=30$ cm，$S_3=100$ cm²，线圈匝数 $N=100$，磁性材料的磁导率 $\mu=300\mu_0$。（1）当没有于 a 处切割空气隙时，试求各段磁路的磁阻；（2）试确定磁路的电感量；（3）若在 a 处切割了长度为 0.1 mm 的空气隙，试求此时磁体的电感量；（4）随着空气隙长度增加，磁体的电感量改变，试求磁体电感量的极限值。

1.8 继电器如题图 1.4 所示，其中空气隙截面积 $S_g=0.001$ m²，线圈匝数 $N=500$，弹簧系数 $k=1\,000$ N/m，电阻 $R=18$ Ω，继电器可动部分（衔铁）距固定部分的距离 $L=0.02$ m，当闭合开关 S 时，至少需要多大的直流电压 U 才能使衔铁闭合？

题图 1.3 习题 1.7 图　　　　　　题图 1.4 习题 1.8 图

1.9 已知某交流铁芯线圈电路，励磁线圈的电压 $U=10$ V，频率 $f=50$ Hz，铁芯中的磁通 $\Phi_m=1.24\times10^{-3}$ Wb。计算励磁线圈的匝数 N。

1.10 比较交流磁路与直流磁路有什么不同。如果给一个交流铁芯线圈电路加上直流电压，其数值与交流电压的有效值相等，会产生什么后果？说明原因。

1.11 涡流损耗和磁滞损耗是怎样产生的？在直流磁路中存在这两种损耗吗？如何减小这两种损耗？

1.12 分析在下面两种情况下，交流磁路的磁通和励磁电流将如何变化（假定磁路工作在 $B-H$ 曲线的线性段）：

（1）绕组匝数增加一倍，电压有效值和频率保持不变；

（2）电压有效值增加一倍，频率减小一半。

第 2 章
变　压　器

变压器是一种常用的静止电气设备，它利用电磁感应原理，将某一电压等级的交流电变换为同频率的另一电压等级的交流电。

在生产和日常生活中，常常会用到电压数值高低不同的多种交流电。例如在输电方面，当输送的功率（$P = UI\cos\varphi$）一定及负载的功率因数（$\cos\varphi$）一定时，电压越高，输电线路上的电流越小。这不仅可以减小输电线的截面积，节约有色金属，还可以减小输电线路的功率损耗。所以在输电时都采用高压（110～220 kV）和超高压（330～750 kV）输电。而工厂用电，大型动力设备多使用 10 kV 或 6 kV；小型动力设备及照明、家庭用电分别使用 380 V 或 220 V；特殊场合由于安全等原因要用 36 V 或 24 V 的电压。为了满足这些要求就要使用变压器。

此外，变压器还具有变换电流、变换阻抗的功能，用来传递信号、实现阻抗匹配等，成为电工测量和电子技术等领域不可缺少的电气设备。

变压器的类型很多，有不同的分类方法。如按照用途分类有电力变压器、仪用互感器等，按照变换电能的相数分类有单相变压器和三相（多相）变压器。尽管变压器类型多，但是它们的结构和工作原理都是基本相同的。本章内容以介绍单相小型变压器为主，同时也介绍一些其他常用变压器的特点及使用方法。

学习本章后，应能：

- 掌握变压器变压比和变压的特性；
- 掌握变压器变电流、变阻抗的特性，并能分析有关最大功率传输问题；
- 掌握变压器同名端的概念及其判断方法；
- 理解自耦变压器的特点及其应用。

2.1　变压器的结构和工作原理

2.1.1　单相变压器的基本结构

单相变压器是指接在单相交流电源上，用来改变单相交流电压的变压器，其容量通常都很小，主要用于局部照明和控制用途。一般电工测量和电子线路中使用的也多为单相变压器。

变压器主要由铁芯和绕在铁芯上的线圈两部分组成。

变压器铁芯的作用是构成磁路。为了降低涡流和磁滞损耗，铁芯一般用 0.35 mm 厚的硅钢片交错叠装而成，硅钢片的表面都涂有绝缘漆，形成绝缘层，如图 2.1.1（a）所示。另外，铁芯也有用冷轧硅钢片卷制后切割而成的，如图 2.1.1（b）所示。

图 2.1.1　心式变压器的外形和结构示意

变压器的铁芯也有两种不同的结构形式，图 2.1.1 所示是心式变压器的外形及结构示意，其特点是线圈包围铁芯。功率较大些的单相变压器多采用心式结构，以减少铁芯金属材料的用量。图 2.1.2 所示是壳式变压器的外形及结构示意，其特点是铁芯包围线圈，这样就不需要专门的变压器外壳。功率较小的单相变压器多采用壳式结构。

变压器的线圈通常称为绕组，这是变压器的电路部分。变压器在工作时高电压侧的绕组

图 2.1.2　壳式变压器的外形和结构示意

称为高压绕组，低电压侧的绕组称为低压绕组。

两个绕组中与电源相连的一方称为原绕组，又称为初级绕组或一次绕组，凡表示原绕组各有关电量的字母均采用下标"1"来表示，如原绕组电压 U_1、原绕组匝数 N_1 等。与负载相连的绕组称为副绕组，又称次级绕组或二次绕组，凡表示副绕组各有关电量的字母均采用下标"2"来表示，如副绕组电压 U_2、副绕组匝数 N_2 等。当变压器副绕组电压 U_2 高于原绕组电压 U_1 时，称之为升压变压器；反之，就称之为降压变压器。

通过以上对基本结构的介绍可知，变压器的基本工作原理就是通过一个共同的磁场（磁路），将两个或两个以上的绕组耦合在一起，以电磁感应原理为基础，进行交流电能的转换与传递。

2.1.2　变压器的工作原理

由于变压器的工作原理涉及电路、磁路及它们之间的相互联系和影响，比较复杂，为了分析方便，先分析变压器的空载运行状态，然后再分析其负载运行状态。

1. 空载运行状态——变电压作用

所谓空载运行状态是指变压器原绕组外接正弦交流电源，其电压为额定电压，而副绕组

开路的情况。图 2.1.3 所示是变压器的空载运行状态及其电路符号（实际上变压器的两个绕组是套在同一芯柱上的，以增大其间的电磁耦合作用。为了画图清楚起见，现将这两个绕组分画在铁芯的两侧）。变压器的图形符号也同时表示在该图中。

变压器空载运行时副绕组的电流 $i_2 = 0$。将图 2.1.3 与图 1.3.1 进行比较，不难看出，这时的变压器就是交流铁芯线圈，所不同的只是在铁芯上又多加了一个开路的线圈。

图 2.1.3 变压器的空载运行状态及变压器的电路符号

（a）铁芯线圈磁路；（b）变压器的电路符号

1）原绕组的电压平衡方程

原绕组外加正弦交流电压 u_1，此时原绕组中通过的电流称为空载电流，又称励磁电流，用 i_0（或 i_{10}）表示。若原绕组的匝数为 N_1，则产生磁通势 $N_1 i_0$，建立磁场。其中绝大部分磁力线沿铁芯闭合，形成主磁通，即工作磁通 Φ，它同时与原、副绕组交链，根据电磁感应定律在原、副绕组中产生感应电动势 e_1 和 e_2。磁通势 $N_1 i_0$ 在产生主磁通 Φ 的同时，还有少量漏磁通 Φ_{01} 沿原绕组周围空间的非磁性材料闭合。漏磁通通常只占总磁通量的百分之零点几，且 Φ_{01} 只与原绕组交链，而不与副绕组交链，所以它不起传递能量的作用，只是在原绕组中产生很小的感应电动势 e_{01}。

以上原、副绕组中各电磁量正方向的确定方法与第 1 章中交流铁芯线圈部分所述方法相同。变压器副绕组中感应电动势 e_2 的正方向与主磁通 Φ 的正方向之间符合右手螺旋定则。副绕组中产生感应电动势之后，在副绕组的两端出现电压，副绕组的开路电压用 u_{20} 来表示，其正方向如图 2.1.3 中所示。在图示正方向下，$e_2 = u_{20}$。

变压器在空载运行状态下，原、副绕组中的电压、电流及磁通势 $N_1 i_0$ 和主磁通 Φ、漏磁通 Φ_{01} 之间的电磁关系可用如下方法表示：

根据基尔霍夫电压定律，对原绕组可以列写电压平衡方程，该方程与式（1.3.10）相同：

$$u_1 = i_0 R_1 + (-e_{01}) + (-e_1) \tag{2.1.1}$$

如同在交流铁芯线圈电路部分所分析过的，当电源电压是正弦电压时，主磁通也是按照正弦规律变化的，如果磁路内磁通不饱和，电流也可视作正弦量。上式可以写成相量形式：

$$\dot{U}_1 = \dot{I}_0 R_1 + (-\dot{E}_{01}) + (-\dot{E}_1) \tag{2.1.2}$$

由于绕组导线的电阻 R_1 很小，空载电流 I_0 也很小（通常只占额定电流的百分之几），故绕组的电阻压降 I_0R_1 可以忽略不计（这部分压降仅占绕组总压降的 1% 以下）。同时漏磁通产生的感应电动势 E_{01} 也很小，它所产生的电压降只占绕组总电压的 0.10%～0.25%，也可以略去不计。所以可近似认为电源电压 U_1 只用来平衡 E_1 所造成的电压降，即

$$\dot{U}_1 \approx -\dot{E} \tag{2.1.3}$$

与式（1.3.9）的推导过程相同，有

$$E_1 = 4.44fN_1\Phi_m \tag{2.1.4}$$

$$U_1 \approx E_1 = 4.44fN_1\Phi_m \tag{2.1.5}$$

式中 f 是电源的频率，N_1 是原绕组的匝数，Φ_m 是主磁通的幅值。

2）副绕组的电压平衡方程

对于变压器副绕组来说，主磁通 Φ 穿过 N_2 线圈，产生感应电动势 $e_2 = -N_2\dfrac{\mathrm{d}\Phi}{\mathrm{d}t}$。当主磁通按正弦规律 $\Phi = \Phi_m\sin\omega t$ 变化时，也可以推导出

$$E_2 = 4.44fN_2\Phi_m \tag{2.1.6}$$

空载状态下，

$$u_{20} = e_2 \tag{2.1.7}$$

其有效值

$$U_{20} = E_2 = 4.44fN_2\Phi_m \tag{2.1.8}$$

3）变电压作用

对比式（2.1.4）和式（2.1.6）可以看出：由于原、副绕组的匝数 N_1 和 N_2 不相等，感应电动势 E_1 和 E_2 也不相等，因而输出电压 U_{20} 和电源电压 U_1 也不相等。这时原、副绕组的电压比

$$\frac{U_1}{U_{20}} \approx \frac{E_1}{E_2} = \frac{N_1}{N_2} = K_u = K \tag{2.1.9}$$

式中，K_u 称为变压器的变压比，也可用 K 来表示，这是变压器最重要的参数之一。

由式（2.1.9）可见，当电源电压 U_1 一定时，只要改变原、副绕组的匝数 N_1 和 N_2，就可以得到不同的输出电压 U_{20}，达到了变换电压的目的。

当 $K_u>1$，即 $N_1>N_2$，$U_1>U_{20}$ 时，是降压变压器。

当 $K_u<1$，即 $N_1<N_2$，$U_1<U_{20}$ 时，是升压变压器。

变压器铭牌上所标注的额定电压是以分数形式表示的原、副绕组的电压值，是空载运行状态下的电压。例如"6 000/230 V"表明原绕组的额定电压（原绕组应加的电源电压）$U_{1N}=6\,000$ V，副绕组的额定电压 $U_{2N}=230$ V。U_{2N} 是指原绕组加上额定电压 U_{1N} 后，副绕组的空载电压。

2. 负载运行状态——变电流作用

1）原绕组电压平衡方程和磁通势平衡方程

当图 2.1.3 所示的副绕组电路中的开关闭合后，副绕组中就有电流 i_2 流过，并向负载 Z_L 供电，变压器处于负载运行状态，如图 2.1.4 所示。

图 2.1.4 变压器的负载运行状态

变压器空载运行时，副绕组不向负载输出功率，原绕组电流只是用来产生确定大小的工作磁通。而变压器的铁芯又是用磁性材料做成的，导磁能力极强，所需的激磁电流，即空载电流 i_0 极小。而在负载运行状态下情况就不一样了，这时副绕组中流过电流 i_2，其磁通势 $N_2 i_2$ 将影响铁芯中的磁通，因此，副绕组接入负载后，铁芯中的工作磁通是由原副绕组共同作用产生的。磁通势 $N_2 i_2$ 的出现将会使磁路中的工作磁通发生变化，从而必然会使原绕组中的感应电动势 e_1（E_1）也发生变化。根据式（2.1.2）知，在 U_1 不变时，原绕组电流必然要发生变化。

前面在分析变压器空载运行状态时，已得出式（2.1.5）：$U_1 \approx 4.44 f N_1 \Phi_m$，此式在负载运行状态下依然成立。因为原绕组的电阻很小，即使在负载运行状态下其电压降仍可略去，漏磁通的影响亦可略去，所以 $U_1 \approx -E_1$。这个式子表明，只要电源电压 U_1 保持不变，电源频率 f 和原绕组匝数 N_1 也保持不变，工作磁通的幅值 Φ_m 也就近似不变。为此原方电流必然要变化。从 i_0 变成 i_1，其有效值从 I_0 变为 I_1，以抵消副绕组电流 i_2（I_2）对工作磁通的影响，保持 Φ_m 近似不变。

这时原绕组中除了电流由 i_0 变为 i_1 以外，其余的物理过程是不变的，故原绕组电压平衡方程变为

$$\dot{U}_1 = \dot{I}_1 R_1 + (-\dot{E}_{01}) + (-\dot{E}_1) \tag{2.1.10}$$

从能量的观点看，副绕组向负载输出电功率，必然要求原绕组从电源输入更大的电功率，并且通过工作磁通传递到副绕组。在电源电压 U_1 不变时，原绕组电流必然要加大，即从空载时的 I_0（i_0）加大到 I_1（i_1）。

上面分析的各物理量之间的关系可以用如下方式表示：

根据以上分析可知，铁芯中工作磁通最大值 Φ_m 在变压器空载运行状态及负载运行状态下是保持基本不变的。因此产生它的激励——空载时的磁通势 $N_1 i_0$ 和负载运行状态下作用在磁路中的合成磁通势（$N_1 i_1 + N_2 i_2$）应该近似相等，即

$$N_1 i_1 + N_2 i_2 \approx N_1 i_0 \tag{2.1.11}$$

相量式表示为

$$N_1 \dot{I}_1 + N_2 \dot{I}_2 \approx N_1 \dot{I}_0 \tag{2.1.12}$$

式（2.1.11）或式（2.1.12）称为变压器的磁通势平衡方程。还应该指出的是：式中负载状态下的合成磁通势 $N_1\dot{I}_1 + N_2\dot{I}_2$，其中的加号是根据安培环路定律关于电流正、负的规定得到的。

磁通势平衡方程是分析变压器工作原理的一个十分重要的公式。原、副绕组之间并没有电的直接联系，而是通过磁场耦合联系起来的。磁通势平衡方程就明确表示了原、副绕组电流之间的关系。

2）变压器的变电流作用

将磁通势平衡方程改写为如下形式：

$$\dot{I}_1 = \dot{I}_0 + \left(-\dot{I}_2 \frac{N_2}{N_1}\right) = \dot{I}_0 + \dot{I}_2' \tag{2.1.13}$$

上式表明，在负载运行状态下，原绕组电流由两部分组成：一部分是产生工作磁通 $\varPhi_m$ 的励磁分量 $\dot{I}_0$；另一部分是补偿副绕组电流 $\dot{I}_2$ 对工作磁通产生影响的分量，称为负载分量 $\dot{I}_2'$，$\dot{I}_2' = -\dot{I}_2 \dfrac{N_2}{N_1}$，即 $\dot{I}_2'$ 与 $\dot{I}_2$ 在数值上成正比，但相位相反。

前面已经分析过，由于励磁电流分量很小，它只占原绕组电流的百分之几，所以在额定运行状态下可以略去不计，故有

$$\dot{I}_1 \approx \dot{I}_2' = -\frac{N_2}{N_1} \cdot \dot{I}_2 \tag{2.1.14}$$

其有效值表示式为

$$I_1 \approx \frac{N_2}{N_1} I_2 \tag{2.1.15}$$

$$I_1 \approx K_i I_2 \tag{2.1.16}$$

或

$$\frac{I_1}{I_2} \approx K_i \tag{2.1.17}$$

式（2.1.16）和式（2.1.17）中，K_i 称为变压器的变流比，$K_i = \dfrac{N_2}{N_1} = \dfrac{1}{K_u}$。

式（2.1.17）也是变压器的基本公式之一，它表明变压器具有变电流的作用，且在额定状态下，原、副绕组的电流之比等于其匝数之比的倒数。后面将要介绍的电流互感器是一种测量交流电流的仪器，它就是利用变压器的变电流作用原理做成的。

变压器的副绕组电流 I_2 取决于负载阻抗 Z_L 的大小，但原、副绕组电流的比值在一定范围内是近似不变的。例如当负载电流 I_2 增加时，$N_2 I_2$ 加大，它对工作磁通的影响加大。表现在式（2.1.13）中，负载分量 I_2' 加大，在略去了极小的励磁分量之后，I_1 近似地按一定比例相应变化。这个变化过程是变压器根据电磁感应定律的原理，自动调节、自动进行的。

3）变压器的外特性

变压器在负载状态下运行时，副绕组也要产生少量的漏磁通 $\varPhi_{02}$。$\varPhi_{02}$ 只与副绕组交链，如图 2.1.4 所示，且 $\varPhi_{02}$ 是交变的，同样会在副绕组中产生漏磁电动势 E_{02}。由于漏磁通是通过空气等非磁性材料闭合的，漏磁电动势产生的电压降可以用一个漏磁感抗（空心线圈的感

抗）$X_2 = \omega L_2$ 两端的电压降来等效表示，并进行计算。若按图 2.1.4 所示的正方向，有 $\dot{E}_{02} = -\mathrm{j}\dot{I}_2 X_2$。此外副绕组也有电阻 R_2，也要产生电压降 $I_2 R_2$。根据基尔霍夫电压定律，有副绕组的电压平衡方程：

$$\dot{E}_2 + \dot{E}_{02} = \dot{U}_2 + \dot{I}_2 R_2$$

$$\dot{E}_2 = \dot{U}_2 + \dot{I}_2 R_2 + \mathrm{j}\dot{I}_2 X_2 = \dot{U}_2 + \dot{I}_2(R_2 + \mathrm{j}X_2)$$

$$\dot{E}_2 = \dot{U}_2 + \dot{I}_2 Z_2 \tag{2.1.18}$$

或

$$\dot{E}_2 = \dot{U}_2 - \dot{I}_2 Z_2 \tag{2.1.19}$$

式中，$\dot{E}_2$ 为副绕组中的感应电动势，$\dot{U}_2$ 为副绕组的端电压，即负载的端电压，R_2 为副绕组的导线电阻，X_2 为副绕组的漏磁感抗，E_{02} 为副绕组的漏磁感应电动势，Z_2 为副绕组的复阻抗。

式（2.1.19）表明，变压器在负载状态下运行时，副绕组的端电压已不再是 $U_{20} = E_2$，而变成了 U_2。从副绕组的电压平衡方程可知，当负载增加时，I_2 加大，副绕组复阻抗（$Z_2 = R_2 + \mathrm{j}X_2$）上的电压降也加大，使得副绕组的端电压 U_2 发生变化。可以用变压器的外特性来表示这种变化关系。

变压器的外特性就是保持电源电压 U_1 和负载的功率因数 $\cos\varphi_2$ 不变的条件下，U_2 随 I_2 的变化关系，即 $U_2 = f(I_2)$，一般用曲线表示。在感性负载条件下，变压器的外特性是稍微向下倾斜的，表明 U_2 随 I_2 的增加而稍有下降，如图 2.1.5 所示

一般应用场合都希望 U_2 随负载（I_2）增加而下降的数值越小越好，为此引出电压调整率 $\Delta U\%$ 的概念。

$$\Delta U\% = \frac{U_{20} - U_2}{U_{20}} \times 100\% \tag{2.1.20}$$

电压调整率表示变压器从空载（$I_2 = 0$）到额定工作状态（副绕组电流等于额定值 $I_{2\mathrm{N}}$）时，副绕组电压的变化量与空载电压值之比。它反映了供电电压的稳定性，是变压器的一个重要性能指标。$\Delta U\%$ 越小，变压器副绕组输出的电压越稳定。由于绕组电阻及漏磁感抗均很小，变压器的 $\Delta U\%$ 都比较小，如常用变压器的 $\Delta U\%$ 约为 3%～5%。

图 2.1.5　变压器的外特性曲线

3. 变压器的变阻抗作用

变压器除了具有变换电压和变换电流的作用之外，还有变换阻抗的作用。应用变压器的变换阻抗作用可以实现电路的阻抗匹配，使负载获得最大的功率输出。

如图 2.1.6 所示，负载接于副绕组，而电功率却是从原绕组通过工作磁通传到副绕组的。根据等效的观点可以认为，当变压器原绕组直接接入一个阻抗 Z_L' 时，原绕组的电压、电流和功率与其副绕组接上负载阻抗 Z_L 时，原绕组的电压、电流和功率完全一样。这就可以认为，对交流电源来说与副绕组接负载阻抗 Z_L 是等效的。阻抗 Z_L' 称为 Z_L 折算到原绕组的数值。

为了简化计算，并突出阻抗变换作用，可将原、副绕组中的导线电阻、漏磁阻抗和铁心损耗略去不计，则有

图 2.1.6　变压器的变阻抗作用

（a）Z_L' 变压器电路；（b）Z_L' 等效电路

$$U_1 \approx E_1 = 4.44 f N_1 \varPhi_m$$

$$U_2 \approx E_2 = 4.44 f N_2 \varPhi_m$$

而负载阻抗的大小为

$$\left|Z_L\right| = \frac{U_2}{I_2}$$

从原绕组看的等效负载阻抗为

$$\left|Z_L'\right| = \frac{U_1}{I_1}$$

将式（2.1.9）和式（2.1.14）代入上式可得

$$\left|Z_L'\right| = \frac{\dfrac{N_1}{N_2}U_2}{\dfrac{N_2}{N_1}I_2} = \left(\frac{N_1}{N_2}\right)^2 \cdot \frac{U_2}{I_2} = k_u^2 \left|Z_L\right| \tag{2.1.21}$$

式（2.1.21）表明原绕组等效接入的负载阻抗 $\left|Z_L'\right|$ 是 $\left|Z_L\right|$ 的 K_u^2 倍，这就是变压器的变换阻抗作用。只要改变变压器原、副绕组的匝数就可以将负载阻抗 $\left|Z_L\right|$ 变换成所需要的数值。

【例 2.1】图 2.1.7 所示为半导体收音机输出级部分电路，所接负载电阻为扬声器，其阻值为 8 Ω，为使扬声器获得最大功率，电路的负载电阻的最佳阻值应为 75 Ω，所以电路中接入变压器，进行阻抗变换。试求其变压比。

图 2.1.7　例 2.1 图

【解】根据 $\left|Z_L'\right| = K_u^2 \left|Z_L\right|$，变压比为

$$K_u = \sqrt{\frac{\left|Z_L'\right|}{\left|Z_L\right|}} = \sqrt{\frac{75}{8}} = 3.06$$

以上介绍的变压器的三种功能（变电压、变电流和变换阻抗），在电力传输、电工测量及电子电路中都得到了广泛应用。

2.2　变压器的额定值

为了使变压器能够长时间安全可靠地运行，制造厂家将它的额定值标示在铭牌上。在使用变压器

之前，首先要正确理解各额定值的意义，这样才能正确地使用它。

变压器的额定值主要有：

（1）额定电压 U_{1N} 和 U_{2N}。

原、副绕组的额定电压用分数线分开，表示为 U_{1N}/U_{2N}，例如"6 000/400 V"。原绕组额定电压 U_{1N} 指的是应加入的正常的电源电压的数值，它是根据变压器的绝缘强度及允许发热等条件规定的。副绕组额定电压 U_{2N} 是指原绕组加入 U_{1N} 时，副绕组空载（开路）时的电压。考虑到接上负载后，副绕组的输出电压 U_2 将随负载电流的增加而下降，所以副绕组的空载电压一般应高于负载额定电压 5%左右。例如为保证在额定负载时能输出 380 V 的电压，该变压器副绕组的额定电压 U_{2N} 应为 400 V。对于固定负载的电源变压器，副绕组的额定电压有时是指额定负载下的副绕组电压。

（2）额定电流 I_{1N} 和 I_{2N}

原、副绕组的额定电流是根据变压器所允许的温升而规定的电流值。若实际电流超过 I_{1N} 和 I_{2N}，会使变压器温升过高，造成绝缘老化，缩短变压器的使用寿命。

（3）额定容量 S_N。

额定容量是指变压器在额定运行状态下，副绕组的视在功率：

$$S_N = U_{2N} \cdot I_{2N} \tag{2.2.1}$$

且可近似认为

$$S_N = U_{1N} \cdot I_{1N} \tag{2.2.2}$$

额定容量表示的是变压器传送电功率的能力，其单位是 VA 或 kVA。

（4）额定频率 f_N。

我国规定的电力标准频率是 50 Hz。当变压器的额定频率与交流电源的频率不一致时，一般是不能使用的。

【例 2.2】一台电源变压器如图 2.2.1 所示，原绕组匝数 $N_1 = 660$，接电源电压 $U_1 = 220$ V。两个副绕组的空载电压 $U_{20} = 36$ V 和 $U_{30} = 12$ V。求两个副绕组的匝数 N_2 和 N_3。

图 2.2.1 例 2.2 图

【解】该变压器有两个副绕组，其工作原理与双绕组变压器相同。每个副绕组的电压与原绕组电压之比的关系仍然不变，因为铁芯中的工作磁通是相同的，所以

$$\frac{U_1}{U_{20}} = \frac{N_1}{N_2}, \quad \frac{U_1}{U_{30}} = \frac{N_1}{N_3}$$

副绕组匝数：

$$N_2 = \frac{U_{20}}{U_1} \cdot N_1 = \frac{36}{220} \times 660 = 108$$

$$N_3 = \frac{U_{30}}{U_1} \cdot N_1 = \frac{12}{220} \times 660 = 36$$

【例2.3】 在例2.2中，若两个副绕组均接有纯电阻负载，且 $I_2 = 1\,\text{A}$，$I_3 = 2\,\text{A}$，求原绕组电流及原、副绕组的功率（假设励磁电流可以忽略不计）。

【解】 由于励磁电流可以略去，则根据图2.2.1中的电流正方向，可得磁通势平衡方程：

$$N_1 \dot{I}_1 + N_2 \dot{I}_2 + N_3 \dot{I}_3 \approx 0$$

$$N_1 \dot{I}_1 \approx -(N_2 \dot{I} + N_3 \dot{I}_3)$$

因为是纯电阻负载，$\lambda_2 = \cos\varphi_2 = 1$，$\lambda_3 = \cos\varphi_3 = 1$，所以 $\dot{I}_1$、$\dot{I}_2$ 和 $\dot{I}_3$ 为同相位。上式的有效值之间存在如下关系式：

$$N_1 I_1 \approx N_2 I_2 + N_3 I_3$$

原绕组电流：

$$I_1 \approx \frac{N_2 I_2 + N_3 I_3}{N_1} = \frac{108 \times 1 + 36 \times 2}{660} = 0.273\,(\text{A})$$

当略去原绕组中的导线电阻及漏磁通的影响时，

原绕组功率： $\qquad P_1 = U_1 I_1 = 60\,(\text{W})$

副绕组功率： $\qquad P_2 = U_2 I_2 = 36\,(\text{W})$

$$P_3 = U_3 I_3 = 24\,(\text{W})$$

这表明：

$$P_1 = P_2 + P_3$$

【例2.4】 已知交流信号源电压有效值 $U = 6\,\text{V}$，内阻 $R_0 = 100\,\Omega$，负载是扬声器，其电阻 $R_L = 8\,\Omega$。（1）将扬声器直接接在信号源的输出端，如图2.2.2（a）所示，计算负载的功率 P'。（2）为使负载得到最大的输出功率，需进行阻抗变换，所以在信号源与负载之间接入变压器，如图2.2.2（b）所示，使 R_L 折算到原绕组的等效电阻 $R_L' = R_0$。计算满足这一条件的变压器变比 K_u 及负载得到的功率 P。

图2.2.2　例2.4图

【解】（1）据图2.2.2（a），电流的有效值：

$$I = \frac{U}{R_0 + R_L} = \frac{6}{100 + 8} = 0.056 (\text{A})$$

负载功率：

$$P = I^2 \cdot R_L = 0.056^2 \times 8 = 0.025 (\text{W})$$

（2）据式（2.1.18）有

$$R_L' = K_u^{\,2} R_L$$

要使负载得到最大功率，则

$$R_L' = R_0$$

即

$$R_L' = K_u^{\,2} R_L = R_0$$

代入数据：

$$K_u^{\,2} \times 8 = 100$$

$$K_u = \sqrt{\frac{100}{8}} = 3.53$$

变压器原绕组电流有效值：

$$I_1 = \frac{6}{100 + 100} = 0.03 (\text{A})$$

负载功率，就是信号源输出的功率：

$$P = I_1^2 \cdot R_L' = 0.09 (\text{W})$$

以上计算表明，利用变压器的变阻抗作用，可使负载得到的功率是 R_L 直接接入信号源时所得功率的 3.6 倍，且可证明，此时负载得到了最大输出功率。

【例 2.5】额定容量 $S_N = 10\ \text{kVA}$ 的变压器，电压是 3 300/220 V。求：（1）原、副绕组的额定电流；（2）若负载是 220 V、40 W、$\lambda = \cos\varphi = 0.44$ 的日光灯，变压器满载时可接入多少盏日光灯？

【解】（1）原绕组的额定电流：

$$I_{1N} = \frac{S_N}{U_N} = \frac{10 \times 10^3}{3300} = 3.03 (\text{A})$$

副绕组的额定电流：

$$I_{2N} = \frac{S_N}{U_N} = \frac{10 \times 10^3}{220} = 45.45 (\text{A})$$

（2）每盏日光灯的电流：

$$I = \frac{P}{U \cos\varphi} = \frac{40}{220 \times 0.44} = 0.41 (\text{A})$$

变压器满载时可接入的日光灯为

$$\frac{I_{2N}}{I} = \frac{45.45}{0.41} \approx 110 (\text{盏})$$

2.3　绕组的同名端及绕组的串联和并联

为了提高变压器的通用性，变压器的原绕组和副绕组往往不止一个。在使用时，可以

图 2.3.1　绕组的同名端

根据需要将绕组串联以提高电压，或将绕组并联以增加电流。这时就会遇到绕组的正确连接问题，而实现绕组正确连接的关键就是要理解和判断绕组的同名端。

同名端又称同极性端，它是指绕在同一铁芯上的两个绕组，在工作磁通的作用下，在任何瞬时都极性相同的两个对应端。如图 2.3.1 所示，变压器有两个各自独立的副绕组Ⅱ和Ⅲ，由工作磁通将它们耦合在一起。当工作磁通交变时，任一瞬间，绕组Ⅱ的极性一端为正，另一端为负，绕组Ⅲ的极性也必有一端为正，另一端为负。将极性同时为正的两个对应端（或同时为负的两个对应端）称作同名端。可以判定③和⑤（或④和⑥）为绕组Ⅱ和Ⅲ的同名端。同名端通常用"·"标出。

2.3.1　同名端的判别方法

（1）对于绕向已知的两个绕组，可以从它们的任意两端通入电流，根据右手螺旋法则判别，如果电流在铁芯中所产生的磁通方向一致，这两端便是同名端，如图 2.3.2（a）所示。如果电流在铁芯中所产生的磁通方向是相反的，则该两端便不是同名端，并可称作异名端，如图 2.3.2（b）所示。

（2）对于一台已经制成的变压器，已经无法从外部观察其绕组的绕向，这时只能用实验的方法确定其绕组的同名端。实验方法有交流法和直流法两种，现将交流法简述如下：

若需要判别同名端的两绕组（如图 2.3.3 中的Ⅰ和Ⅱ），把它们的任意两端，例如②和④连在一起，然后在一个绕组（如绕组Ⅰ）的两端加上一个较低的交流电压 u，再用交流电压表分别测量①、②端，①、③端和③、④端的电压有效值 U_{12}、U_{13}、U_{34}。如果测量结果是：$U_{13} = U_{12} - U_{34}$，则①、③端是同名端；如果 $U_{13} = U_{12} + U_{34}$，则①、③端是异名端。有关原理请自行分析。

（a）　　　　　（b）

图 2.3.2　同名端的判别方法

图 2.3.3　用交流法判别绕组的同名端

2.3.2　绕组的串联与并联

对于原绕组来说，为了能够适应较高的电源电压；对于副绕组来说，为了能够输出较高的电压，需要把两个绕组串联连接。正确的连接方法如图 2.3.4（a）所示，即将绕组的两个异名端连在一起，余下的二端接电源（原绕组）或负载（副绕组）。如果接错，对于原绕组，将会把绕组烧毁；对于副绕组，将使输出电压为零。

如果要得到大一些的电流，就需要把两个绕组并联连接使用。正确的连接方法是将两个绕组的同名端对应连接，如图 2.3.4（b）所示。如果接错，将会把绕组烧毁。

【例 2.6】图 2.3.5 所示为某电子仪器中的变压器原理，它有两个原绕组 a-b、c-d，额定电压均为 110 V。副绕组有三个：e-f 绕组，额定电压为 24 V；g-h、i-j 绕组，额定电压均为 6.3 V，额定电流均为 0.25 A。请回答：

图 2.3.4　绕组的串联与并联　　　　　图 2.3.5　例 2.6 图

（1）电源电压为 110 V 时，原绕组应如何连接？
（2）电源电压为 220 V 时，原绕组应如何连接？
（3）若负载需要 6.3 V 电压、0.2 A 电流，副绕组应如何与负载连接？
（4）若负载需要 6.3 V 电压、0.4 A 电流，副绕组应如何与负载连接？
（5）若负载需要 12.6 V 电压、0.2 A 电流，副绕组应如何与负载连接？

【解】根据绕组的绕向可以判断绕组的同名端，并表示在图中。
（1）原绕组应并联连接：a 与 c 相连，b 与 d 相连，并分别外接交流电源。
（2）原绕组应串联连接：c 与 b 相连，a 与 d 分别外接交流电源。
（3）副绕组 g-h 或 i-j 可直接与负载连接，即可满足负载要求。
（4）副绕组 g-h 与 i-j 应并联连接：g 和 i 相连，h 和 j 相连，然后分别与负载相连。
（5）副绕组 g-h 与 i-j 应串联连接：h 和 i 相连，g 和 j 分别与负载相连。

2.4　三相变压器

现代交流供电系统都是以三相交流电的形式产生、输送和使用的，因而广泛使用三相变压器来实现三相电压的转换。三相变压器的工作原理与单相变压器基本相同，现仅将其特点简述如下。

三相变压器可以由三台同容量的单相变压器组成，如图 2.4.1（a）所示。图中铁芯可以认为是三个单相变压器的铁芯搭接，组成一个整体。U、V、W 三相电源的原、副绕组分别绕在三个独立的芯柱上，现只画出 U 相的原、副绕组 U_1-U_2、u_1-u_2，其余两相则略去未画。由于三相绕组通入对称三相电流，它们所产生的工作磁通 Φ_U、Φ_V、Φ_W 也是对称的，$\Phi_U+\Phi_V+\Phi_W=0$，即通过中间铁芯柱的磁通为零，所以中间铁芯柱可以省去，如图 2.4.1（b）所示。在工程实际中，为了简化变压器铁芯芯片的裁减及叠装工艺，而采用将 U、V、W 三个铁芯柱置于同一平面上的结构形式，如图 2.4.1（c）所示。

（a）　　　　　　　　　　　　　（b）

（c）

图 2.4.1　三相变压器的结构

三相变压器三个原绕组的首、末端分别用 U_1-U_2、V_1-V_2、W_1-W_2 表示，三个副绕组的首、末端分别用 u_1-u_2、v_1-v_2、w_1-w_2 表示。与三相电源的三相绕组一样，它们可以按星形方式连接，也可以按三角形方式连接。这样三相变压器就有多种不同的连接方式，并且用分数的形式来表示。分子表示三相高压绕组的接法，分母表示三相低压绕组的接法。当三相绕组按星形方式连接，并具有可以接出的中线时，通常用符号"Y_0"表示。

我国规定三相变压器有五种标准连接组，其中以 Y/Y_0、$Y/\triangle$ 和 $Y_0/\triangle$ 三种连接组应用最广。

Y/Y_0 接法如图 2.4.2（a）所示。当高压边的线电压为 U_{1l} 时，相电压是 $\dfrac{U_{1l}}{\sqrt{3}}$，只是线电压的 $\dfrac{1}{\sqrt{3}}$，降低了对每相绕组的绝缘要求。若变压器的便比为 K_u，则低压边的线电压是 $\dfrac{U_{1l}}{K_u}$，相电压是 $\dfrac{U_{1l}}{\sqrt{3}K_u}$。这种连接组的低压边的线电压一般是 400 V，适用于容量不大的三相配电变压器，供给动力和照明混合负载。这时电动机等动力设备接于线电压上，而照明负载等家用电器则接于相电压上。

$Y/\triangle$ 接法如图 2.4.2（b）所示。其高压绕组接成星形，低压绕组接成三角形。三角形连接时相电流只是线电流的 $\dfrac{1}{\sqrt{3}}$，因而绕组导线的截面积可以缩小，故大容量的变压器经常采用此种连接方式。

　　$Y_0/\triangle$ 连接方式主要用于输电线路上，它提供了在高压边电网接地的可能。

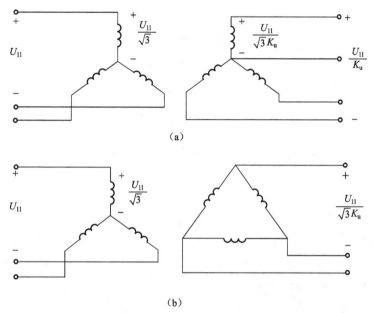

(a)

(b)

图 2.4.2　三相变压器绕组连接方式举例

2.5　自耦变压器与电流互感器

2.5.1　自耦变压器

　　自耦变压器是一种常用的实验室设备。它所输出的电压数值可以根据需要连续均匀地调节，使用起来非常方便。

　　自耦变压器在结构上的特点是它只有一个绕组，在绕组的中间处有一个抽头。其结构示意及图形符号如图 2.5.1 所示。

图 2.5.1　自耦变压器的结构示意及图形符号

　　图 2.5.1 表明，自耦变压器的原、副方共用一个公共绕组，低压绕组是高压绕组的一部分。因此原、副绕组之间不止有磁的联系，还有电的联系。

　　尽管原、副方共用一个公共绕组，它的工作原理与普通双绕组变压器相同。前述的变压、变流、变阻抗的关系也适用于自耦变压器。

当原绕组两端加入电源电压 U_1 时，在铁芯中产生工作磁通 Φ，则在原、副绕组中产生感应电动势 E_1 和 E_2，且

$$E_1 = 4.44fN_1\Phi_\text{m}$$
$$E_2 = 4.44fN_2\Phi_\text{m}$$

所以在空载时有

$$\frac{U_1}{U_{20}} \approx \frac{E_1}{E_2} = \frac{N_1}{N_2} = K_\text{u}$$

K_u 是自耦变压器的变比。略去绕组的阻抗压降，在负载状态下仍可近似认为

$$\frac{U_1}{U_2} \approx \frac{N_1}{N_2} = K_\text{u} \tag{2.5.1}$$

在图 2.5.1 中，副绕组的中心抽头做成能沿着裸露的绕组表面上下滑动的电刷触头，移动电刷的位置，改变副绕组的匝数 N_2，就能够均匀平滑地调节输出电压 U_2。根据这样的原理就做成了调压器。为了便于电压的调节，把调压器的铁芯做成圆筒状，如图 2.5.2 所示。

图 2.5.2　自耦变压器的实物及其示意

自耦变压器的主要优点是结构简单、用铜量小、效率较高。它的缺点是原、副绕组的电路直接连在一起，高压绕组一侧的电气故障会波及低压绕组一侧，这是很不安全的。因此在使用自耦变压器时必须正确接线，且外壳必须接地，并规定安全照明变压器不允许采用自耦变压器的结构形式。

2.5.2　电流互感器

电流互感器也是根据变压器的原理做成的，在电工测量技术中用来按比例变换交流电流的数值，以扩大交流电流表的量程。同时在测量高压电路的电流时，也能够使电流表与被测高压电路隔开，确保人身及仪表的安全。

电流互感器的基本结构形式及工作原理与单相变压器相似。其接线如图 2.5.3 所示。

电流互感器原绕组的匝数 N_1 极小，通常只有一匝或几匝，并用粗导线绕制，允许通过较大的电流。使用时原绕组串联接入被测电路，流过它的是被测电流 I_1。副绕

图 2.5.3　电流互感器电路的原理

组的匝数 N_2 较多，它与交流电流表（或电度表、功率表等电工仪表）连接。

根据变压器变换电流作用的原理，

$$\frac{I_1}{I_2} = \frac{N_2}{N_1} = K_\mathrm{i}$$

故

$$I_1 = K_\mathrm{i} I_2 \tag{2.5.2}$$

K_i 称为电流互感器的额定电流比，标示于电流互感器的铭牌上。实际进行测量时只需读出接在副绕组中的电流表 I_2 的示数，就可以根据式（2.5.2）得到被测电流 I_1 的数值。

通常交流电流表均采用量程为 5 A 的仪表，只需改变所用电流互感器的变流比 K_i，就可以测知不同大小的电流 I_1。

使用电流互感器必须注意以下两点。第一，副绕组的一端和铁芯必须接地（图 2.5.3），以防止原、副绕组间绝缘损坏时，危及人身及设备安全。第二，副绕组不允许开路，以免造成触电事故和损坏设备。

图 2.5.4 所示的钳形电流表，又叫测流钳。它是电流互感器的一种变形，其铁芯做成钳状，并用弹簧压紧，形成闭合磁路。测量时用手将钳口张开，把被测载流导线钳入铁芯窗口中，该被测载流导线就相当于电流互感器的原绕组。副绕组则绕在铁芯上，与电流表相连，可直接读出被测电流的数值。其优点是：使用方便，可以随时随地测量电流，而不必断开被测电路接入互感器。

图 2.5.4　钳形电流表

习　题

2.1　单相变压器原绕组接到 25 kV 的工频交流电源上，副绕组的开路电压是 6.6 kV。铁芯截面积 $S = 1\ 120\ \mathrm{cm}^2$，磁感应强度最大值 $B_\mathrm{m} = 1.5\ \mathrm{T}$。计算这个变压器的变压比和原、副绕组的匝数。

2.2　一个单相变压器的原绕组匝数等于 450，接到工频交流电源上。铁芯中的磁通最大值 $\Phi_\mathrm{m} = 2.2 \times 10^{-3}\ \mathrm{Wb}$，副绕组的电压 $U_{20} = 36\ \mathrm{V}$。计算副绕组的匝数和变压器的变压比。

2.3 一单相变压器，额定容量 $S_N = 40\,kVA$，额定电压是 3 300/230 V。计算：

（1）变压器的变压比 K_u 是多少？

（2）高、低压绕组的额定电流 I_{1N} 和 I_{2N} 是多少？

（3）该变压器在额定状态下工作时，$U_2 = 220\,V$。这时的电压调整率是多少？当它向额定电压是 220 V、额定功率是 60 W、功率因数 $\lambda = \cos\varphi = 0.89$ 的日光灯供电时，可接多少盏这样的日光灯？

2.4 一台单相变压器，额定容量 $S_N = 50\,kVA$，额定电压是 6 600/230 V。低压绕组接入感性负载 $Z_L = 0.6 + j\,0.83\,\Omega$ 后，变压器恰好达到额定工作状态。计算变压器的电压调整率。

2.5 一台单相变压器，额定容量 $S_N = 250\,VA$，额定电压是 220/36 V。现电源电压为 220 V，负载是 36 V、25 W 的白炽灯。计算该变压器最多能够接入多少盏这样的白炽灯，而不超过其额定值，并计算这时的原、副绕组的电流值。

2.6 变压器电路如题图 2.1 所示，已知电源电压有效值 $U_1 = 220\,V$，变压器的变压比 $K_u = 10$，负载电阻 $R = 10\,\Omega$。

（1）计算原绕组电流 I_1。

（2）从 a、b 端看入的等效电阻 R_i 是多少？

2.7 变压器电路如题图 2.2 所示，已知电源电压有效值 $U_S = 10\,V$，负载电阻 $R = 4\,\Omega$。当变压器的变压比 K_u 为何值时负载获得最大功率？该最大功率的数值是多少？

题图 2.1 习题 2.6 图　　　　题图 2.2 习题 2.7 图

2.8 变压器电路如题图 2.3 所示，原绕组的匝数是 N_1，副绕组的两部分的匝数分别是 N_2 与 N_3。负载 $R = 9\,\Omega$ 时接在 b-o 两端；负载 $R = 25\,\Omega$ 时接在 a-o 两端。

在这两种情况下均可实现阻抗匹配（负载获得最大功率），计算匝数 N_2 与 N_3 之间的关系。

2.9 电路如题图 2.4 所示，是用实验方法测试、判别一台变压器绕组的同名端。当开关 S 闭合时，电压表的指针正向偏转，试在图中标出绕组的同名端。

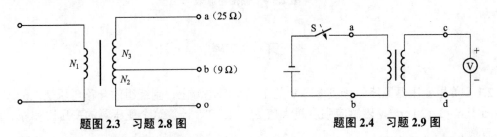

题图 2.3 习题 2.8 图　　　　题图 2.4 习题 2.9 图

2.10 一台变压器如题图 2.5 所示，它有两个原绕组，每个绕组的额定电压是 110 V，匝数是 440。它有一个副绕组，匝数是 80。

（1）判别并标出两个原绕组的同名端。

（2）当电源电压为 220 V 时，画图说明两个原绕组应如何正确连接，计算变压器的变比及副绕组的端电压。

（3）当电源电压为 110 V 时，画图说明两个原绕组应如何正确连接，计算变压器的变比及副绕组的端电压。

（4）如果分别把 a、c 连在一起，b、d 连在一起，外接 220 V 交流电源，变压器能否正常工作？说明原因。

2.11　变压器如题图 2.6 所示，其副方有三个绕组：c–d、e–f 和 g–h。试问副方能有多少种不同的输出电压？说明副方绕组的接法。

题图 2.5　习题 2.10 图

2.12　一个容量为 1 kVA、220/110 V 的双绕组变压器如题图 2.7 所示，现欲将其改接成 220/330 V 的自耦变压器。试问：

（1）应该怎样连接？指出输入端和输出端。

（2）副绕组所允许接入的最小电阻 R_L 是多少？

题图 2.6　习题 2.11 图　　　　　题图 2.7　习题 2.12 图

2.13　电路如题图 2.8 所示，图中 T_0 是自耦变压器，T_1、T_2 是双绕组变压器。负载电阻 $R_L = 0.1\ \Omega$，电流表的读数是 10 A，计算：

（1）负载上的电流 I_L；

（2）自耦变压器的原方输入电压 U_1。

题图 2.8　习题 2.13 图

第3章
电机概述与直流电机

本章主要介绍旋转电机的基本原理。本书在第 1 章的基础上，首先尽可能直观地介绍直流（DC）、同步、感应这三大类电机的一般原理，然后在第 4 章和第 5 章介绍不同类型电机的基本原理。

本章的重点是各类电机的性质特点，特别是优点和缺点，电机的分类、运行特性和应用领域。鉴于交流感应电动机的重要性，将单独在第 4 章对其进行讨论。学习本章后，应能：

- 叙述直流电机的工作原理；
- 理解电动机的机械特性曲线；
- 根据给定应用能选择合适的电机。

3.1　电机概述

不同类型的旋转电机，有不同的体积、功率和物理性质，要想用短短的一节来解释旋转电机的基本原理，颇具挑战性，但无论何种电机，都具有一些共同点。本节主要关注旋转电机的共同点。图 3.1.1 所示为一虚拟的简化电机模型，图中小正方形内的圆点"•"表示电流从剖面（纸面）流出，而十字叉"×"表示电流流入剖面（纸面）。

图 3.1.1 中，外围圆筒状的叫定子——静止不动的部分，中心圆柱形的叫转子——电机中旋转的部分，定子和转子之间有空气隙。定子和转子都由磁芯、起电气隔离作用的绝缘材料和建立磁场的绕组（某些电机由永磁体产生磁场）构成。转子安装在由轴承支撑的轴上，并通过机械轴连接机械负载（电动机）或原动力（发电机）。绕组中的电流产生磁场，传递能量到负载，同时构成闭合回路的绕组也有感应电压产生。

3.1.1　电机的基本分类

可根据电机绕组中电流的不同和电流的作用来对电机进行分类。若电流仅用来激励产生磁场，且磁场与负载独立，则该电流叫励磁电流，而通入励磁电流的绕组叫励磁绕组。由于励磁电流仅用以磁化铁芯，通常总是直流，且功率相对较小。若绕组仅流过负载电流，则

图 3.1.1　旋转电机简化模型

叫电枢。对直流和同步电机而言，有独立的电枢和励磁绕组。而对于感应电机，励磁电流和负载电流流入同一绕组，这时绕组叫输入绕组或一次绕组，输出绕组叫二次绕组。感应电机绕组这种叫法与变压器类似，表明感应电机的工作原理可用变压器类比。

电机还可根据能量转换的性质来分类。发电机是将从原动力（如发动机燃烧）获得的机械能转换为电能的旋转电机。电动机是将电能转换为机械能的装置。电动机在工业生产中被大量使用，以提供力或转矩，产生机械的运动，如电锤、机器人、磨床、冲压机和电动汽车等。

如图 3.1.1 所示，电机内有转子磁场 B_R 和定子磁场 B_S。对不同的电机，这些磁场由不同的方式产生，如永磁体、交流电流和直流电流。正是这些磁场的出现，使电动机旋转或发电机产生电能。图 3.1.1 中，转子磁场的北极会寻找定子磁场的南极，并自动对准。正是这种磁场的相互吸引力在电动机内部产生机械转矩，反过来，发电机因为电磁感应定律，将变化的磁场转换为电流。

为了简化后续讨论，这里简单介绍旋转电机的基本工作原理。如图 3.1.2 所示，可写出作用于绕组单匝导线上的力为

$$f = il \times B \tag{3.1.1}$$

式中，i 为流过导线的电流，l 为沿导线方向的矢量，"$\times$"表示两矢量的叉积，则多匝线圈的力矩为

$$T = KBi\sin\alpha \tag{3.1.2}$$

式中，B 为定子磁场的磁感应强度，K 为与线圈有关的常数，α 为磁感应强度 B 与线圈平面的夹角。

图 3.1.2　定、转子磁场和作用在旋转电机上的力

在图 3.1.2 所示的虚拟电机中，存在定子产生的磁场和转子绕组产生的磁场。这两个磁场中的任一个既可由电流产生，也可由永磁体产生。那么，图 3.1.2 中由永磁体构成的定子就可用合适的绕组代替。若定子由半径为 r 的环形线圈组成，则定子绕组产生的磁感应强度为

$$B = \mu H = \mu \frac{Ni}{2\pi r} \tag{3.1.3}$$

式中，N 为定子绕组的匝数，i 为线圈电流。力矩的方向按定、转子磁场相互对准的原则确定，图 3.1.2 中力矩的方向为逆时针方向。

要注意的是，图 3.1.2 仅仅是旋转电机的示意模型。线圈中通入不同性质的电流，或采用永磁体，图 3.1.2 的相应部分应随之改变。根据绕组中励磁电流的不同，可将电机分为如下三类：

（1）直流电机——定子和转子中均是直流电流；

（2）同步电机——一个绕组中是交流电流，而另一个绕组中是直流电流；

（3）感应电机——定子和转子中均是交流电流。

交流感应电机，因其结构简单可靠，在工业生产中被广泛使用，但其分析计算相对复杂。直流电机结构复杂，但分析计算相对简单。

3.1.2　电机的性能特点

电机是一类能量转换装置的统称，自然的，能量转换的效率就成为关注点之一。无论是电动机还是发电机，均需考虑其有关的能量损耗问题。图 3.1.3 示意性地表示出直流电机中的不同损耗组成。电机中的损耗源可分为三类：铜损（I^2R），铁芯损耗和机械损耗。

图 3.1.3　直流电机损耗示意

（a）直流发电机损耗；（b）直流电动机损耗

I^2R 损耗常常用 75 ℃时的直流电阻来计算，但实际上这类损耗随工作条件不同而变化。在直流电机中，还需计算滑环与电刷接触造成的电刷接触损耗。

机械损耗通常由摩擦（通常由轴承摩擦）和风阻（空气阻碍转子的转动）造成。另外，如需额外的设备如风扇通风冷却电机，则这些设备所消耗的能量也要计入机械损耗。

开路铁芯损耗包括磁滞损耗和涡流损耗，这些损耗仅限于励磁绕组。通常，磁滞和涡流损耗加上摩擦和风阻损耗，总称为空载旋转性损耗。当计算效率时，空载旋转性损耗很有用。由于开路铁芯损耗没有考虑由负载电流引起的磁感应强度的变化，所以未考虑由此引起的额外磁场损耗。杂散负载损耗用于集中考虑绕组中因非理想电流分布效应而额外增加的铁芯损耗。杂散负载损耗往往难于准确计算，对直流电机常常考虑它为输出功率的 1%，对同步和感应电机，可通过实验确定。

电机的运行特性，可用多种方式来表示。对电动机而言，常用机械特性（转矩 – 转速关系）曲线来描述。不同类型的电动机，其机械特性曲线不同。机械特性曲线描述了当电动机与机械负载连接时，电机转矩和其转速之间的关系。图 3.1.4 所示为某电动机的机械特性曲线。观察该曲线，首先注意到电动机不是理想的转矩输出源，因为该曲线不是一条平行于转速轴的直线。当电动机转速达到某一速度时，电动机输出最大转矩。电动机的实际运行速度、输出转矩和功率取决于所连接的机械负载的转矩－转速特性，这与实际电压源的端电压和输出功率由其所连接的电阻负载决定一样。图 3.1.4 中的工作点由电动机的机械特性曲线和其所连接负载的转矩－转速曲线的交点决定。

其次，图 3.1.4 所示的机械特性曲线，当转速为零时，电动机的输出转矩不为零，即一旦电动机接通电源，就能提供一定的转矩。该零速时的转矩值叫作起动转矩。当电动机所连接的机械负载所要求的转矩小于电动机能提供的起动转矩时，电动机就可加速起动负载，直到工作点时，电动机的转速和转矩达到某一稳定值。有时，电动机不能提供足够大的起动转矩，以克服负载转矩，即带不动负载起动，这往往会造成电动机过热损坏。

图 3.1.4　某电动机的机械特性曲线

电机的铭牌数据对电机的使用有重要意义，常常包括如下内容：

（1）电机类型（如直流电动机、交流发电机）；

（2）制造商；

（3）额定电压和额定频率；

（4）额定电流和额定容量；

（5）额定转速和额定功率。

额定电压是电机的定子端电压，在设计时已确定，用以建立所需的磁通。电机工作电压较高，会引起磁饱和使铁芯损耗增加。额定电压和额定容量是指在不引起由铜损（I^2R）所导致的电机绕组过热时的端电流和容量。这些额定值并不绝对精确，但能保证当电机在运行时只要不超出这些额定值，电机就不会过热。电机可短时超额运行，有时电压、电流或转矩可达到额定值的 6～7 倍，但若长时间超额运行，其会造成电机过热，甚至永久损坏。因此，在电机选型时，既要考虑电机的长时稳态运行情况，还要考虑短时过载（即超额）运行的情况。对转速的考虑也是如此，若电机短时超速运行，会产生较大的离心力，增加电机不必要的结构压力，特别的，对于电机转子，过大的转速会使转子自毁，造成不可挽回的损失。

需关注的参数还有电机的转速（对于电动机）或输出电压（对于发电机）的调整率。调整率表征了当负载变化时，电机保持其输出转速或电压不变的能力。可通过闭环负反馈控制来提高电机的转速或电压调整率。调整率可定义如下：

$$转速调整率 = \frac{空载转速 - 额定转速}{空载转速} \qquad (3.1.4)$$

$$电压调整率 = \frac{空载电压 - 额定电压}{空载电压} \qquad (3.1.5)$$

上面调整率的定义中，额定值是指电机的铭牌数据值。

3.1.3 旋转电机的基本原理

由第 1 章可知，电-磁-机设备中，磁场起到了电系统和机械系统之间的耦合作用。这种耦合，对电机的工作原理而言，有两个方面：

（1）磁极间相互吸引或排斥的力产生了机械转矩；

（2）在电机绕组（线圈）中因为磁场作用，产生感应电动势。

基于此，就可分析电机的工作原理。如前所述，电动机将输入电功率，通过磁耦合产生机械功率，而发电机的输入功率是机械功率，输出功率是电功率，如图 3.1.5 所示。

图 3.1.5 电动机和发电机

(a) 电动机；(b) 发电机

耦合磁场有如下作用：当放置在磁场中的导体中有电流 i 时，根据式（3.1.1），在每个导体上均产生力。若这些导体放置在圆筒结构上，则产生力矩。进一步，若圆筒结构能自由转动，则将以角速率 ω_{m} 旋转。随着导体旋转，它们切割磁力线，则产生感应电动势。该感应电动势阻碍电流 i 的变化。反过来，若电机的旋转部分由原动力驱动，则磁场中的旋转线圈中产生感应电动势。若电枢连接负载，则有电流 i 流入负载。电枢中电流 i 的存在将反过来在电枢上产生电磁转矩，该转矩将阻碍由原动力加载的转矩。

显见，能量转换的发生，需要两个条件：

（1）耦合磁场 B，常由励磁绕组产生；

（2）电枢绕组，有负载电流 i 和感应电动势 e。

3.1.4 电机中的磁极

在讨论旋转电机的具体结构前，先看看电机中磁极的作用和意义。定子和转子中的磁极间的相互吸引或排斥力，产生转矩，进而使转子加速转动，并在定子上产生反作用转矩。自然的，人们就会希望能有一种结构，使电磁力持续、方向不变，即能产生持续不断的转矩。如果转子的磁极数等于定子的磁极数，则可实现这样的转矩的目的。

电机的运动和相应的电磁转矩是定子和转子这两个磁场相互作用，像南极和北极彼此相互吸引寻求对准的结果。图 3.1.6 中，用两个永磁体表示了这种相互吸引，使安装在转轴上的转子能绕其轴心转动。

如图 3.1.7 所示，定子磁极凸出，尽可能靠近转子且不能碰到定子结构。这种磁极的结构很常见，叫作凸极。显然，转子也可制作成凸极式。

图 3.1.6　磁极的对准运动

图 3.1.7　定子凸极式 2 极电机

为了理解磁极的极性，考虑通电线圈中磁场的方向。图 3.1.8 表示了如何应用右手螺旋定则确定通电线圈中磁场的方向。习惯上，磁力线从磁体的南极进入，北极流出。在图 3.1.9 中，绕制在凸极式转子上的线圈产生的磁场方向和磁极极性，可通过右手螺旋定则判断。

图 3.1.8　用右手螺旋定则确定磁场方向　　　　**图 3.1.9　凸极式转子磁场**

通常，线圈绕组并不是如前述凸极式那样简单排列。有很多电机，在转子或定子中切割开槽，然后将绕组嵌入狭长的槽中，如图 3.1.10 所示。图 3.1.10 为电机的剖面图，可以看成导线（即电流）从"·"穿出，然后从"×"穿入。虚线是根据右手螺旋定则画出的定子磁场轴对称线，显示出沟槽式定子从等效角度来看，也相当于一对磁极。磁力线从图 3.1.10 的底

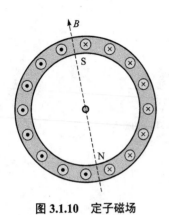

图 3.1.10 定子磁场

部流出，顶部流入，因此南极和北极如图所示。从图 3.1.10 来看，电流从右侧定子绕组流入，穿过后端，然后从定子左侧流出，则可想象成线圈与图 3.1.9 所示类似。实际电路中，a–a′，b–b′，c–c′ 分别组成一组绕组，能使电流从定子的前端到后端组成闭合回路。

换另一角度考虑，若深槽式定子绕组中通入交流电流，则磁通的方向也是交变的，因此当电流反向时，磁极极性也随之反向。由于磁通与线圈中通过的电流近似成正比，那么如果电流按正弦规律变化，则磁路中的磁感应强度也按正弦规律变化。因此，定子磁场不仅随空间位置变化，也随时间变化。在线圈中通入交流电流，励磁产生旋转磁场，这就是交流电机的特点。

3.2 直流电机

由于直流电机需要换向器来改变电流和磁通的方向，从而产生转矩，因此其结构复杂，但分析计算相对交流电机来说简单、容易。

3.2.1 直流电机的物理结构

典型的直流电机剖面如图 3.2.1 所示，其中定子是凸极式，而转子是深槽式。如前述，定转子磁极间的电磁力产生了电机的电磁转矩。当转子和定子之间夹角 γ 为 90° 时，转矩达到最大值。为了保持转子转动时转矩角不变，需要一种叫换向器的机械开关，其作用是保证转子绕组中电流分布不变，使转子磁极始终与固定不动的定子磁极的夹角保持 90° 不变。直流电机中，励磁电流为直流，因此定子磁极在空间上不会改变极性。为了帮助理解换向器的工作原理，考虑图 3.2.2，电刷固定不动，而转子以角速率 ω_{m} 旋转，则转子的瞬时位置为 $\theta = \omega_{\mathrm{m}}t - \gamma$。图 3.2.2 中，换向器与转子固连，由 6 段彼此相互绝缘的导电材料组成。相应的，转子绕组也有 6 个，分别与换向器的各部分连接。

图 3.2.1 直流电机的结构

(a) 直流电机实物；(b) 定子；(c) 转子

当换向器逆时针转动 30° 时，转子磁场也随之转动 $\theta = 30°$。此时，因电刷与下一对线圈接触，线圈 L_3 和 L_6 中的电流换向，磁场方向为 −30°。随着换向器继续旋转，转子磁场从 −30°

再变成 30°，转子继续转动，转子磁场方向又由 30°变为−30°。对该电机而言，转矩角并不是 90°，而是在 ±30° 变化。因转矩与 $\sin\gamma$ 成正比，因此产生的转矩也有 ±14% 的摆动。随着换向器片增加，因换向产生的转矩摆动会大大减小。实际直流电机的换向器片会多达 60 片，转矩角 γ 在 90° 附近有 ±3° 的摆动，转矩的波动小于 1%。这样，直流电机能产生近似不变的转矩（对于电动机）和输出电压（对于发电机）。

图 3.2.2　转子绕组和换向器

3.2.2　直流电机的分类——按励磁方式

直流电机中，激励磁场的电流有时由外接电源提供，这类电机是他励式，如图 3.2.3（a）所示。更多情况下，励磁从电枢电压取出，这种直流电机为自励式。自励式直流电机不需要用单独的电源来励磁，因此更常见。若他励式电机需外接电源电压 U_f，则对自励式电机，可通过将励磁绕组与电枢并联获得相同的电压来励磁。通常，励磁绕组的电阻比电枢电阻高很多，因此励磁绕组不会从电枢分流过多的电流。这种将励磁绕组与电枢并联的电机叫并励式电机，如图 3.2.3（b）所示。另一种自励直流电机励磁绕组的连接方式是将励磁绕组与电枢串联，如图 3.2.3（c）所示，这种连接方式为串励式。串励式电机中，电枢电流流过励磁绕组，因此励磁绕组阻值小，线圈匝数也少。串励方式极少用于直流发电机，因励磁线圈的电压降，感应电动势和负载电压必然不同，且随负载电流变化。因此，串励式发电机的电压调整率差。还有一种复励式电机，即将并励式和串励式组合，如图 3.2.3（d）所示。

图 3.2.3　直流电机励磁方式

（a）他励式；（b）并励式；（c）串励式；（d）复励式

3.2.3　直流电机的模型

如前所述，对直流电机无须借助电机本身的结构细节，就可容易地分析其性能。本节用如下两个步骤，建立直流电机的模型：（1）引入磁场、电枢电流（和电压）与转速（和转矩）的稳态模型；（2）描述电机动态行为的微分方程。

当励磁电流 I_f 建立了磁通为 Φ 的磁场时，根据式（3.1.2），作用于转子的转矩与磁通和电流的乘积成正比，其中，电流为流过电枢的电流 I_a。因换向器的原因，假设转矩角 γ 始终接近 $90°$，则 $\sin\gamma$ 近似为 1，那么直流电机中转矩为

$$T = k_T \Phi I_a \tag{3.2.1}$$

电机产生或吸收的机械功率等于转矩与转速的乘积，即

$$P_m = \omega_m T = \omega_m k_T \Phi I_a \tag{3.2.2}$$

在励磁磁场中旋转的电枢产生感应反电动势 E_b，其方向为阻碍电枢的旋转，则有

$$E_b = k_a \Phi \omega_m \tag{3.2.3}$$

式中，k_a 为电枢常数，与电枢的尺寸大小、磁性能有关。感应电动势 E_b 对直流电动机而言是反电动势，阻碍直流励磁的变化，对直流发电机来说，是输出电压。电机消耗或产生的电功率为感应反电动势与电枢电流的乘积

$$P_e = E_b I_a \tag{3.2.4}$$

式（3.2.1）和式（3.2.3）中的常数 k_T 和 k_a 与电机的几何尺寸有关，如转子的大小、电枢绕组的匝数和材料的性质（如磁性材料的磁导率）。若能量转换理想，则 $P_e = P_m$，$k_a = k_T$。假设为理想情况，则常数 k_a 为

$$k_a = \frac{pN}{2\pi M} \tag{3.2.5}$$

式中，p 为磁极数，N 为每个线圈的导体数，M 为电枢绕组中平行路径的数量。

通常，电机转速常用非 SI 单位每分钟多少转（r/min，rpm）表示，则与角速率的关系为

$$n(\text{r/min}) = \frac{60}{2\pi} \omega_m(\text{rad/s}) \tag{3.2.6}$$

若转速单位为 r/min，则式（3.2.3）为

$$E_b = k_a' \Phi n \tag{3.2.7}$$

其中，

$$k_a' = \frac{pN}{60M} \tag{3.2.8}$$

接下来，考察当转速和励磁一定时，式（3.2.1）～式（3.2.4）中各量之间的相互关系。图 3.2.4 所示为他励式直流电机的电路模型，在分析中，需注意电枢电流和转矩的参考方向在电动机和发电机工作模式时的区别。对于励磁回路，电压为 U_f，电流 I_f 流过电阻 R_f 和励磁线圈 L_f，其中电阻 R_f 可变。对于电枢回路，有表示感应反电动势的电压源 E_b、电枢电阻 R_a、电枢线圈 L_a 和电枢端电压 U_a。当 $U_a < E_b$ 时，电机是发电机，电流 I_a 流出电枢；当 $U_a > E_b$ 时，电机是电动机，电流 I_a 流入电枢。稳态时，有如下关系：

图 3.2.4 他励式直流电机的电路模型

（a）电动机参考方向；（b）发电机参考方向

对于电动机：
$$\begin{cases} -I_f + \dfrac{U_f}{R_f} = 0 \\ U_a - R_a I_a - E_b = 0 \end{cases} \qquad (3.2.9)$$

对于发电机：
$$\begin{cases} -I_f + \dfrac{U_f}{R_f} = 0 \\ U_a + R_a I_a - E_b = 0 \end{cases} \qquad (3.2.10)$$

联合考虑式（3.2.1）、式（3.2.3）、式（3.2.9）或式（3.2.10），就可确定稳态时直流电机的工作状态。

从图 3.2.4 所示的电路模型，也可推导出直流电机动态分析的微分方程如下：

$$U_a(t) - I_a(t)R_a - L_a\frac{dI_a(t)}{dt} - E_b(t) = 0 \qquad (3.2.11)$$

$$U_f(t) - I_f(t)R_f - L_f\frac{dI_f(t)}{dt} = 0 \qquad (3.2.12)$$

上述两个方程，在电机接入负载时也成立。若假设电动机与转动惯量为 J 的惯性负载刚性连接，负载的摩擦损耗用黏性摩擦系数 b 表示，转矩为

$$T(t) = T_L + b\omega_m(t) + J\frac{d\omega_m(t)}{dt} \qquad (3.2.13)$$

式中，T_L 为负载转矩，对电动机而言通常为常数或转速 ω_m 的函数；对发电机，用动力源提供的转矩代替负载转矩，而电机转矩 $T(t)$ 反抗动力源转矩。因电机转矩与励磁电流（励磁磁场）和电枢电流有关，则式（3.2.1）和式（3.2.13）相互联系，可表示如下：

$$T(t) = k_T \Phi I_a(t) \qquad (3.2.14)$$

或

$$k_T \Phi I_a(t) = T_L + b\omega_m(t) + J\frac{d\omega_m(t)}{dt} \qquad (3.2.15)$$

上述方程对任意直流电机均适用。对他励式直流电机，因存在独立的励磁磁场，则有

$$\Phi = \frac{N_f}{\mathscr{R}} I_f = k_f I_f \qquad\qquad (3.2.16)$$

式中，N_f 为励磁线圈的匝数，$\mathscr{R}$ 为磁体结构的磁阻，I_f 为励磁电流。

3.3 直流发电机

为了分析直流发电机的特性，先分析发电机由动力源以转速 ω_m，电枢绕组没有外接电负载时的开路特性。因电枢开路，励磁电流从零增加到某一值，使电枢电压大于其额定电压。此时，电枢电流 $I_a = 0$，电枢电压与感应电压相等 $E_b = U_a$，且 $k_a \Phi = E_b / \omega_m$。在额定转速条件下，可通过磁化曲线确定给定励磁电流 I_f 时的 $k_a \Phi$ 值。图 3.3.1 所示为直流电机的磁化曲线，注意当励磁电流为零时，因铁芯存在剩磁，电枢电压不为零。图 3.3.1 中虚线为励磁线圈电阻曲线——表征励磁线圈两端电压与励磁电流的关系，其中励磁电阻 R_f 可变（见图 3.2.4）。

图 3.3.1 直流电机的磁化曲线

通过图 3.3.1 所示的磁化曲线，可理解直流发电机的工作原理。当电枢与励磁绕组并联时，立刻就有电流流过励磁绕组，反过来也使电枢的反感应电动势增加。随着反感应电动势的增加，当图 3.3.1 中磁化曲线与励磁线圈电阻曲线相交时，即通过励磁线圈的励磁电流的确达到了所需感应电动势的要求，反感应电动势的建立过程完成。改变电阻 R_f，两曲线的相交点改变，即感应电动势改变，发电机的输出电压也随之改变。

【例 3.1】一台他励式直流发电机的磁化曲线如图 3.3.1 所示，若电枢电阻 $R_a = 0.14\,\Omega$，励磁电阻 $R_f = 100\,\Omega$，励磁电压 $U_f = 100\,\mathrm{V}$，发电机的额定输出电压为 100 V，额定电流为 100 A，额定转速为 1 000 r/min。（1）若动力源驱动发电机以转速 800 r/min 旋转，该发电机的开路电压 U_a 为多少？（2）若发电机接 1 Ω 的负载，则输出电压 U_a 为多少？

【解】（1）该发电机的励磁电流为

$$I_f = \frac{U_f}{R_f} = \frac{100}{100} = 1\,(\mathrm{A})$$

从图 3.3.1 中的磁化曲线看出，转速为 1 000 r/min 时，在 1 A 励磁电流下，电枢感应电动势为 100 V。但这里发电机以转速 800 r/min 转动，那感应电动势为多少呢？考虑式（3.2.3）或式（3.2.7），可近似认为感应电动势与转速成线性正比关系。记 E_{bN}、n_N 分别为额定输出电压和额定转速，有

$$\frac{E_b}{E_{bN}} = \frac{n}{n_N}$$

那么，发电机在转速为 800 r/min 时的感应电动势为

$$E_{\mathrm{b}} = \frac{n}{n_{\mathrm{N}}} E_{\mathrm{bN}} = \frac{800}{1\,000} \times 100 = 80\,(\mathrm{V})$$

当发电机开路时，电枢开路电压等于感应电动势，有

$$U_{\mathrm{a}} = E_{\mathrm{b}} = 80\,\mathrm{V}$$

（2）当电枢外接负载后，电枢端电压不再等于感应电动势 E_{b}。通过图 3.2.4 所示电路，电枢电流为

$$I_{\mathrm{a}} = I_{\mathrm{L}} = \frac{E_{\mathrm{b}}}{R_{\mathrm{a}} + R_{\mathrm{L}}} = \frac{100}{0.14 + 1} = 70.2\,(\mathrm{A})$$

则端电压为

$$U_{\mathrm{a}} = I_{\mathrm{a}} R_{\mathrm{L}} = 70.2 \times 1 = 70.2\,(\mathrm{V})$$

【例 3.2】 一台他励式直流发电机的磁化曲线如图 3.3.1 所示，若电枢电阻 $R_{\mathrm{a}} = 0.1\,\Omega$，磁通 $\Phi = 0.5\,\mathrm{Wb}$，发电机的额定输出电压为 $2\,000\,\mathrm{V}$，额定容量为 $1\,000\,\mathrm{kVA}$，额定转速为 $3\,600\,\mathrm{r/min}$。（1）额定状态下感应电动势 E_{b} 为多少？（2）求电机常数 k_{a}。（3）额定转矩 T 是多少？

【解】（1）因额定容量等于额定输出电压与电枢电流的乘积，可求出电枢电流：

$$I_{\mathrm{a}} = \frac{P_{\mathrm{N}}}{U_{\mathrm{L}}} = \frac{1\,000 \times 10^3}{2\,000} = 500\,(\mathrm{A})$$

而感应电动势等于端电压和电枢电阻电压降之和，如图 3.2.4 所示，则感应电动势为

$$E_{\mathrm{b}} = U_{\mathrm{a}} + R_{\mathrm{a}} I_{\mathrm{a}} = 2\,000 + 0.1 \times 500 = 2\,050\,(\mathrm{V})$$

（2）电机常数：

$$k_{\mathrm{a}} = \frac{E_{\mathrm{b}}}{\omega_{\mathrm{m}}} = \frac{E_{\mathrm{b}}}{\frac{2\pi n}{60}} = \frac{2\,050}{\frac{2\pi \times 3\,600}{60}} = 10.876$$

（3）由式（3.2.1）可得转矩为

$$T = k_{\mathrm{a}} \Phi I_{\mathrm{a}} = 10.876 \times 0.5 \times 500 = 2\,718.9\,(\mathrm{Nm})$$

3.4　直流电动机

在伺服系统等要求精确调速的应用场合，常常用到直流电动机。上一节已建立了直流发电机的电路模型和分析方法。本节中，将直流发电机的输入、输出调换，扩展其结论，应用到直流电动机的分析计算中。同样的，通过电动机的磁化曲线和电路模型来分析其性能。因复励式直流电动机为并励和串励的组合，经过些微修改就可用于并励和串励电动机的分析计算中，因此以图 3.4.1 所示的复励式电动机的等效电路为例，开始讨论。

图 3.4.1　复励式电动机的等效电路

图 3.4.1 涉及的有关公式如下：

$$E_b = k_a \Phi \omega_m \tag{3.4.1}$$

$$T = k_a \Phi I_a \tag{3.4.2}$$

$$U_S = E_b + I_a R_a + I_S R_S \tag{3.4.3}$$

$$I_S = I_a + I_f \tag{3.4.4}$$

上述电动机的公式与直流发电机的公式类似。其区别在于后两式中，电源电压为感应电动势、串励绕组电阻压降和电枢电阻压降之和，而电源电流为流过并励绕组与电枢的电流之和。与发电机的方程比较，负载参数为 U_L、I_L，在电动机中，电源参数用 U_S、I_S 代替。

3.4.1　并励式直流电动机的转速——转矩特性和动态特性

若在图 3.4.1 中，串励绕组短路，则成为并励式电动机。电枢电流为

$$I_a = \frac{U_S - k_a \Phi \omega_m}{R_a} \tag{3.4.5}$$

也可通过转矩求电枢电流如下：

$$I_a = \frac{T}{k_a \Phi} \tag{3.4.6}$$

将式（3.4.6）代入式（3.4.5），消去电枢电流，有

$$\frac{T}{k_a \Phi} = \frac{U_S - k_a \Phi \omega_m}{R_a} \tag{3.4.7}$$

显然，式（3.4.7）描述了并励式电动机稳态时的转矩-转速特性。式中，U_S 是外接电源电压，k_a 为电机常数，R_a 为电枢电阻。后两个参数与电机结构有关，而在并励式电动机中，若电源电压一定，则磁通 Φ 为定值。因此，转速直接与电枢电流关联。接下来考虑动态情况：若电动机突然接入负载，则转速下降。随着转速下降，由式（3.4.5）可知，电枢电流增加，式（3.4.6）表明，转矩也随之增加。当在较高的电枢电流和较低的转速下，输出转矩与负载转矩达到新的平衡。此时机械功率与电功率相等，即

$$E_b I_a = T \omega_m \tag{3.4.8}$$

这样，当负载变化时，并励式直流电动机通过改变转速，保证了功率的平衡。改写式（3.4.7）为

$$\omega_m = \frac{U_S - I_a R_a}{k_a \Phi} = \frac{U_S}{k_a \Phi} - \frac{R_a}{(k_a \Phi)^2} T \tag{3.4.9}$$

上式也可写成

$$n = n_0 - \Delta n \tag{3.4.10}$$

其中，$n_0 = \dfrac{60 U_S}{2 \pi k_a \Phi}$，为空载转速；$\Delta n = \dfrac{60 R_a}{2 \pi (k_a \Phi)^2} T$，为转速降。

当电动机在额定状态运行时，若负载转矩减小，则电枢电流随之减小，由上式可见，转速上升。通常，并励式电动机的转速变化率 $\dfrac{n_0 - n_N}{n_0}$ 小于 0.1，有很好的转速特性。其机械特

性曲线如图 3.4.2 所示。

限于篇幅关系，对串励式、复励式和永磁直流电动机就不再赘述，读者可用上述方法自行分析。

【例 3.3】一台四极并励式直流电动机，额定转速为 1 200 r/min，额定电压 U_N 为 220 V，额定功率为 2.2 kW。定子磁通 Φ 为 20 mWb，电枢电阻 $R_a=0.6\ \Omega$，励磁电流 $I_f=1.4\ A$，电源供电电流 $I_S=30\ A$，电机结构参数 $N=1\ 000$，$M=4$。求该电动机的转速 n 和转矩 T。

图 3.4.2　并励式直流电动机的机械特性曲线

【解】电枢电流：
$$I_a = I_S - I_f = 30 - 1.4 = 28.6\,(A)$$

则空载电枢电压
$$E_b = U_S - I_a R_a = 220 - 28.6 \times 0.6 = 202.84\,(V)$$

则电枢常数：
$$k_a = \frac{pN}{2\pi M} = \frac{4 \times 1\,000}{2\pi \times 4} = 159.15$$

电动机转速：
$$\omega_m = \frac{E_b}{k_a \Phi} = \frac{202.84}{159.15 \times 0.02} = 63.73\,(rad/s)$$

用 r/min 表示为
$$n = \frac{60}{2\pi}\omega_m = \frac{60}{2\pi} \times 63.73 = 608.58\,(r/min)$$

转矩：
$$T = \frac{P_N}{\omega_m} = \frac{2\,200}{63.73} = 34.52\,(Nm)$$

习　题

3.1　一台电动机的转速调整率为 10%，若额定转速为 50π rad/s，则其空载转速为多少？

3.2　一台 1 000 kW、1 000 V、2 400 r/min 的他励直流发电机，其电枢电阻为 0.04 Ω，每极磁通为 0.4 Wb。试求：（1）感应电压为多少伏；（2）电机常数为多少；（3）在额定情况下转矩为多少。

3.3　一台串励直流电动机，流过电流为 25 A，产生转矩为 100 Nm，试求：（1）若磁场未饱和，当电流升高为 30 A 时，产生的转矩为多少；（2）若电流仍升高到 30 A，但磁场仅升高 10%，此时的转矩。

3.4　一台并励直流电动机，电压为 200 V，当转速为 1 800 r/min 时，电流为 10 A，电枢电阻为 0.15 Ω，励磁绕组电阻为 350 Ω。试求该电动机产生的转矩。

第 4 章
交流异步电动机

在生产实践中，电机是不可缺少的电器设备，且电机的种类很多，依据能量转换的不同可将电机分为电动机和发电机。将电能转换为机械能的电机称为电动机，将机械能（或其他形式的能量）转换为电能的电机称为发电机。因此电动机常作为驱动设备使用。

依据所用电源的不同，电动机又分为交流电动机和直流电动机。交流电动机需要的是交流电源，而直流电动机需要的是直流电源。由于交流电源容易获得，所以交流电动机的应用更为广泛。

交流电动机又有同步电动机和异步电动机之分。目前应用较多的是异步电动机。将异步电动机按定子相数分，有三相异步电动机、两相异步电动机、单相异步电动机；将异步电动机按转子结构分，有笼型异步电动机和绕线型异步电动机等。

电动机广泛应用于工业、农业、国防、家用电器中。在工业方面，其用于中小型轧钢设备、机床、起重机械等；在农业方面，其用于脱粒机、粉碎机、排灌机械等；在家用电器方面，其用于空调、洗衣机、电冰箱等。交流异步电动机是拖动系统的主流动力设备。

三相异步电动机是将输入的三相交流电能转换成机械能的电气设备，具有结构简单、价格便宜、运行可靠、维护方便等优点，因而获得了广泛的应用。本章将介绍三相异步电动机的结构、工作原理及使用。

学习本章后，应能：

- 了解三相异步电动机的结构；
- 掌握旋转磁场的概念以及同步转速；
- 掌握转差率的概念以及三相异步电动机的转速公式；
- 掌握三相异步电动机的铭牌数据及其计算；
- 理解并掌握三相异步电动机的起动电流、起动转矩、最大转矩等概念；
- 理解并掌握三相异步感应电动机的使用方法。

4.1 三相异步电动机的结构

三相异步电动机主要由定子和转子两大部分组成，如图 4.1.1 所示，此外还有端盖、轴承、风扇等部件。

1. 定子

定子是电动机中静止不动的部分，主要由机座和装在机座中的定子铁心和定子绕组等组成。机座是用于固定与支撑定子铁芯及转子，一般由铸铁制成。

定子铁芯是电动机主磁路的一部分，由 0.5 mm 厚的硅钢片叠压而成，以减少铁芯损耗。硅钢片内圆周表面冲有槽孔（图 4.1.2），用于放置定子绕组。

图 4.1.1　三相异步电动机的结构

定子绕组是三相对称绕组，彼此相互独立，如图 4.1.3（a）所示。将三相定子绕组的引出端分别接到机座接线盒的接线柱上。U_1、V_1、W_1 分别为每相绕组的首端，U_2、V_2、W_2 分别为每相绕组的末端。

图 4.1.2　三相异步电动机定子的结构

定子绕组通常接成星形或三角形。图 4.1.3（b）所示为定子绕组的星形接法，图 4.1.3（c）所示为定子绕组的三角形接法。如前所述，采用何种连接方式，取决于电源电压和定子绕组的额定电压。

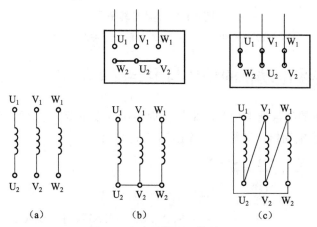

　　（a）　　　　　　　　（b）　　　　　　　　（c）

图 4.1.3　定子绕组及其接法

（a）定子对称三相绕组；（b）星形连接；（c）三角形连接

2. 转子

转子由转子铁芯、转子绕组和转轴组成。转子铁芯也是电动机磁路的一部分，由相互绝缘的硅钢片叠压而成。铁芯外圆冲有槽孔，用于放置转子绕组，如图 4.1.4（a）所示。

根据转子绕组结构的不同，其又分为笼型转子和绕线型转子。

所谓笼型转子，就是在铁芯槽孔内放置铜条，并将铜条两端用铜的短路环焊接起来，如图 4.1.4（b）所示。由于结构像个笼子，故称之为笼型转子。现常采用熔化了的铝液直接浇铸在转子铁芯的槽孔中，连同端环、风扇一次铸成一个整体。

图 4.1.4　笼型转子的结构

（a）叠压硅钢片的笼型转子；（b）去掉叠压硅钢片的笼型转子

绕线型转子的绕组和定子绕组相似，如图 4.1.5（a）所示。在转子槽孔中放置对称三相绕组。三相绕组通常接成星形，如图 4.1.5（b）所示，并将转子绕组的三条引线分别接到三个铜的滑环上，通过滑环与固定在端盖上的电刷构成滑动接触。再通过电刷将转子绕组的三个引线端连接到机座的接线盒内，以便于与外界变阻器连接，用于改善电动机的工作特性。

图 4.1.5　绕线型转子

（a）绕线型转子实物；（b）绕线型转子的连接原理

4.2　三相异步电动机的型号与主要技术数据

三相异步电动机的型号通常由产品型号、规格代号和环境代号（特殊环境下）三部分组成。如 Y 系列的异步电动机，其型号为 Y132S–2 的含义如下：

三相异步电动机的机座上有一个铭牌，上面标出电动机的额定技术数据，主要有：

（1）额定电压 U_N：电动机额定状态下运行时，定子绕组上应加的线电压，单位为 V 或 kV。

（2）额定电流 I_N：电动机在额定状态下运行时，定子绕组的线电流，单位为 A 或 kA。

（3）额定功率 P_N：电动机在额定状态下运行时，其轴上输出的机械功率，单位为 W 或 kW。

（4）频率 f_1：电动机交流电源的频率，我国规定为 50 Hz。

（5）额定转速 n_N：电动机在额定状态下（U_N、I_N、P_N）运行时，电动机转子的转速，单位为 r/min。

（6）额定功率因数 $\cos\varphi_N$：在额定负载下，φ_N 是定子相电压与相电流的相位差，三相异步电动机的 $\cos\varphi$ 随负载的变化而变化，其范围为 0.2～0.9，轻载时 $\cos\varphi$ 较小。

（7）额定效率 η_N：额定输出机械功率 P_N 与额定输入电功率 P_{1N} 之比，即

$$\eta_N = \frac{P_N}{P_{1N}} \times 100\%$$

额定输入电功率 $P_{1N} = \sqrt{3} U_N I_N \cos\varphi_N$。

此外电动机铭牌上还标明绕组的接法（星形或三角形）、绝缘等级、允许温升等。如有的电动机铭牌上标识出电压为 220/380 V，接法标识为 △/Y 时，则表明，当电源电压为 220 V 时，电动机定子绕组采用 △ 形方式连接，而当电源电压为 380 V 时，电动机定子绕组采用 Y 形方式连接。可以看出，采用什么样的连接方式，取决于使每相定子绕组的额定电压与电源电压是否保持一致。

除了铭牌上给的主要技术数据外，在产品手册上还给出过载系数 λ_m、起动转矩倍数 λ_{st} 和起动电流与额定电流之比等参数。

【例 4.1】已知一台三相异步电动机的额定功率 $P_N = 3.8$ kW，额定电压 $U_N = 380$ V，额定功率因数 $\cos\varphi_N = 0.7$，额定效率 $\eta_N = 0.85$，额定转速 $n_N = 950$ r/min，求额定输入功率 P_{1N} 和额定电流 I_N。

【解】根据 $\eta_N = \dfrac{P_N}{P_{1N}}$，

额定输入功率

$$P_{1N} = \frac{P_N}{\eta} = \frac{3.8}{0.85} = 4.47 \, (\text{kW})$$

由 $P_{1N} = \sqrt{3} U_N I_N \cos\varphi_N$，

额定电流

$$I_N = \frac{P_{1N}}{\sqrt{3} U_N \cos\varphi_N} = \frac{4.47 \times 10^3}{\sqrt{3} \times 380 \times 0.7} = 9.7 \, (\text{A})$$

4.3 三相异步电动机的工作原理

4.3.1 异步电动机的转动原理

图 4.3.1 是异步电动机转动原理示意。图中 N、S 是一对磁极，笼型转子置于磁场中。当

靠外力使 N、S 磁极在空间以 n_0 速度逆时针方向旋转时，它所形成的磁场是一个旋转磁场。

旋转磁场的磁力线必切割转子导体（绕组），则转子导体中便有感应电动势产生，感应电

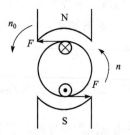

图 4.3.1 异步电动机转动原理示意

动势的方向可用右手定则来确定。但此时转动的是磁场，而不是导体，应将其转换为磁极静止在空间，而转子导体运动的情况。根据相对运动的观点，若认为磁场静止不动，则转子导体是顺时针方向旋转。由此可判断出转子导体中感应电动势的方向如图 4.3.1 所示。图中感应电动势的方向指入纸面用"×"表示，指出纸面用"●"表示。感应电动势在闭合导体中会产生电流，若忽略绕组中电抗的影响，可认为电流方向与电动势方向相同。

导体中电流与磁场作用产生电磁力，根据左手定则可确定电磁力 F 的方向，由电磁力产生的电磁转矩使转子转动起来，且转动方向与旋转磁场的转向相同。显然，改变旋转磁场的旋转方向，转子的转向也随之发生改变。

可以看出，转子的旋转方向与旋转磁场的旋转方向相同，但它们的转速不可能相等。因为一旦转子的转速与旋转磁场的转速相等，二者之间便无相对运动，转子绕组中就无感应电动势和感应电流产生，也就没有了电磁转矩。只有当两者转速有差异时转子才能产生电磁转矩，而且转子的转速必然小于旋转磁场的转速，"异步"电动机由此而得名。

4.3.2 三相绕组产生的旋转磁场

由以上分析可知，若使异步电动机转子转动起来，必须要有旋转磁场。如何简单、方便地产生旋转磁场呢？理论证明，如果在三相定子绕组中通以三相对称交流电流，就可以产生旋转磁场。不仅可以产生两极的旋转磁场，而且还可以产生四极、六极等旋转磁场。下面分别加以叙述。

1. 两极旋转磁场

图 4.3.2（a）所示为三相异步电动机定子的横剖面，三相绕组为 U_1U_2，V_1V_2、W_1W_2，三个绕组在空间的位置彼此相差 120°。

图 4.3.2（b）所示是一相绕组，在每一相绕组中有若干个线圈，它们按一定规律进行连接。定子铁芯中有很多槽孔，这些线圈均匀分布在定子铁芯槽孔中。

图 4.3.2 定子绕组

为了便于分析问题，通常将这些线圈等效为一个线圈［如图 4.3.2（c）所示］，并集中放置在两个槽孔中。如将 U_1U_2 这相绕组线圈等效的上边导体放在上槽孔中，下边导体放在下槽

孔中，两者在空间间隔 $180°$，如图 4.3.2（a）所示。V_1V_2、W_1W_2 绕组的放置与 U_1U_2 绕组类似。

假设将三相定子绕组接成星形，U_2、V_2、W_2 接于一点，U_1、V_1、W_1 分别接于三相对称电源，如图 4.3.3（a）所示。由于三相绕组完全相同，便有对称的三相交流电流流入相应的定子绕组中，各相绕组中的电流分别为

$$i_A = I_m \sin \omega t$$
$$i_B = I_m \sin (\omega t - 120°)$$
$$i_C = I_m \sin (\omega t - 240°) = I_m \sin(\omega t + 120°)$$

其波形如图 4.3.3（b）所示。

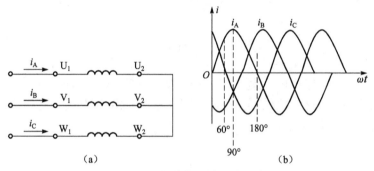

（a）　　　　　　　　　　　　　　（b）

图 4.3.3　三相绕组及流入电流波形

三相定子绕组流入三相对称交流电流后，便会在电机内产生旋转磁，下面取不同时刻来进行分析。假定三相电流由各绕组首端流入，并从各绕组末端流出的电流为正，反之则为负。仍用"×"表示电流流入纸面，用"●"表示电流流出纸面。

在 $\omega t = 0°$ 时，由图 4.3.3（b）可以看出电流瞬时值分别为：$i_A = 0$，i_B 为负，则电流 i_B 从末端 V_2 流入，从首端 V_1 流出；i_C 为正，则电流 i_C 从首端 W_1 流入，从末端 W_2 流出。根据右手螺旋定则可以判断出该瞬间在空间所产生的是两极的合成磁场，上为 N 极，下为 S 极 [图 4.3.4（a）]，磁极对数 $P = 1$。

$\omega t = 60°$ 时，i_A 为正，则电流 i_A 从 U_1 流入，从 U_2 流出；i_B 为负，则电流 i_B 从 V_2 流入，从 V_1 流出，$i_C = 0$。其合成磁场仍为两极磁场，但 N、S 极在空间顺时针方向转过 $60°$，如图 4.3.4（b）所示。

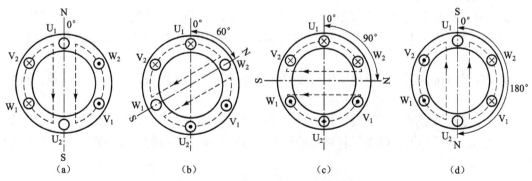

（a）　　　　　　　（b）　　　　　　　（c）　　　　　　　（d）

图 4.3.4　三相电流产生的旋转磁场

$\omega t=90°$ 时，i_A 为正，则电流 i_A 由 U_1 流入，从 U_2 流出。i_B 为负，则电流 i_B 由 V_2 流入，从 V_1 流出。i_C 为负，则电流 i_C 由 W_2 流入，从 W_1 流出。所形成的两极合成磁场在空间旋转到了 90° 位置，如图 4.3.4（c）所示。

同理，当 $\omega t=180°$ 时，合成磁场在空间旋转到了 180° 位置。

综上分析可以看出：在空间相差 120° 角的三相绕组中通入对称三相电流，产生的是一对磁极（即 $P=1$）的旋转磁场，当电流经过一个周期的变化（即 $\omega t=0°\sim360°$）时，合成磁场也顺时针方向旋转了 360° 的空间角度。

2. 旋转磁场的转向

图 4.3.4 所示的三相电流的相序是 A–B–C，即 U_1U_2 绕组流入的是电源的 A 相电流，V_1V_2 绕组流入的是电源的 B 相电流，W_1W_2 绕组流入的是电源的 C 相电流。它们所产生的旋转磁场是顺时针方向。

若改变通入三相绕组中电流的相序，即将任意两相进行调换，如 B、C 互换，也就是使 i_B 电流流入 W_1W_2 绕组，使 i_C 电流流入 V_1V_2 绕组，如图 4.3.5（a）所示。按上述同样的方法进行分析，旋转磁场的转向则变为逆时针方向，如图 4.3.5（b）、（c）所示。

因此，只要将接入三相电源的定子三相绕组中的任意两相对调，就能改变旋转磁场的转向，从而改变电动机的旋转方向。

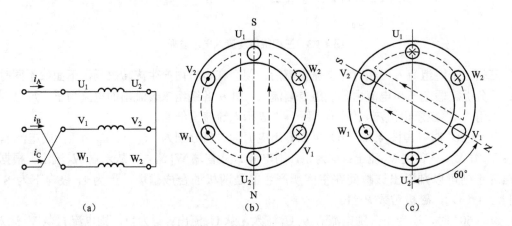

图 4.3.5　改变相序可改变旋转磁场的方向

3. 四极旋转磁场

如果将三相异步电动机的每相定子绕组分成两部分，即 U_1U_2 绕组由 U_1U_2 和 $U'_1U'_2$ 串联组成，V_1V_2 绕组由 V_1V_2 和 $V'_1V'_2$ 串联组成，W_1W_2 绕组由 W_1W_2 和 $W'_1W'_2$ 组成，如图 4.3.6 所示。

用同样的分析方法可以得出，所形成的合成磁场是四极旋转磁场，即两个 N 极、两个 S 极，如图 4.3.6（b）、（c）所示，磁极对数 $P=2$。

这个四极旋转磁场在空间转过的角度是定子电流电角度的一半，即电流变化一周，旋转磁场在空间只转了半周。显然旋转磁场的速度与电动机中所形成的磁极对数有关，且与磁极对数成反比。

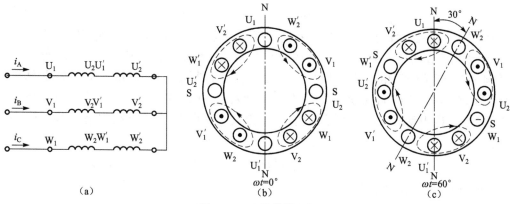

图 4.3.6　四极旋转磁场

4. 旋转磁场的转速及转差率

综上分析，旋转磁场转速 n_0 的大小与电源频率 f_1 有关，且与 f_1 成正比；旋转磁场转速 n_0 又与磁极对数 P 有关，且与 P 成反比。三相电流产生的合成旋转磁场的转速为

$$n_0 = \frac{60 f_1}{P}（\text{r/min}）\tag{4.3.1}$$

异步电动机的旋转磁场转速又称为同步转速。当交流电源的频率 $f_1 = 50\ \text{Hz}$ 时，可得出对应于不同磁极对数 P 的旋转磁场转速 n_0，见表 4.1。

表 4.1　极对数与同步转速的关系

磁极对数 P	1	2	3	4	5
$n_0 /（\text{r} \cdot \text{min}^{-1}）$	3 000	1 500	1 000	750	600

电动机铭牌上给出的转速是转子转速 n。在电动机工作时，转子转速比旋转磁场转速要低，为了表示 n_0 与 n 相差的程度，引入转差率 s，即

$$s = \frac{n_0 - n}{n_0}\tag{4.3.2}$$

转差率是异步电动机的一个重要物理量。转子的转速 n 在 0 与 n_0 之间，则对应的转差率 s 在 1 到 0 之间。有如下情况需注意：（1）在电动机接通电源且转子尚未开始转动（起动瞬间）或用外力使转子不旋转（堵转）时，因 $n=0$，故 $s=1$，这时转差率最大；（2）若 $n=n_0$，则 $s=0$，这种情况为电动机的理想空载状态，即电动机不带任何负载，且空载损耗也为 0。实际上，这种情况是不存在的，只能说电动机在空载时，其转速接近同步转速。电动机在额定状态下，转差率的范围一般为 0.01～0.09，即电动机的转速比较接近同步转速。由转差率表示的转子转速为

$$n = (1 - s) n_0\tag{4.3.3}$$

转差率 s 与负载转矩的大小、电机的结构和转子的类型有关。因为定子和转子磁场有相对运动，则在转子中产生的感应电压与这两个磁场的相对速度有关。转子磁场相对定子磁场的转速差为 $s n_0$，而转子的机械转速为 $(1-s) n_0$，因此转子磁场总的转速为

$$(1-s)n_0 + sn_0 = n_0 \qquad (4.3.4)$$

其即为同步转速。虽然转子并不以同步转速旋转，但转子磁场以同步转速旋转，这一点非常有意义。因为这表明转子磁场和定子磁场始终保持相对静止，因而有静电磁转矩产生。

【例 4.2】 若某台三相异步电动机的额定数据如下：额定电压为 380 V，额定电源频率为 50 Hz，额定转速为 1 470 r/min。试求：（1）同步转速；（2）额定转差率；（3）转子频率。

【解】（1）因电动机在额定运行状态时，额定转差率很小，额定转速接近同步转速，故同步转速

$$n_0 = 1\,500 \text{ r/min}$$

进而可知该电动机的磁极对数

$$P = \frac{60 f_1}{n_0} = \frac{60 \times 50}{1\,500} = 2$$

（2）额定转差率：

$$s = \frac{n_0 - n}{n_0} = \frac{1\,500 - 1\,470}{1\,500} = 0.02$$

（3）额定转子频率：

$$f_2 = s f_1 = 0.02 \times 50 = 1 \text{ (Hz)}$$

4.3.3　三相异步电动机的等效电路

因为异步电动机转子中的感应电压和电流与变压器的工作原理类似，故可用变压器模型来建立电动机的等效电路。

1. 感应电动机的变压器等效模型

异步感应电动机每相绕组的变压器等效电路如图 4.3.7 所示。其中 $\dot{U}_1$ 为施加在定子绕组的相电压，R_1、X_1 分别为定子电阻和漏电抗，R_2、X_2 分别为转子电阻和漏电抗，$\dot{E}_1$ 为定子每相绕组产生的感应电动势，R_C 为定子绕组的铁损等效电阻，X_M 为等效励磁感抗。定子感应电动势 $\dot{E}_1$ 与转子感应电动势 $\dot{E}_2$ 通过等效变压比 k_u 相互联系。图 4.3.7 中，已将转子电阻通过变阻抗折算到定子侧。

图 4.3.7　三相异步感应电动机的变压器等效电路

对定子绕组，显然有如下电压方程：

$$\dot{U}_1 = (R_1 + jX_1)\dot{I}_1 + \dot{E}_1 \qquad (4.3.5)$$

同时，若定、转子间空气隙主磁通为

$$\Phi = \Phi_m \sin \omega t$$

考虑分布系数后，设定、转子的有效匝数分别为 N_1 和 N_2，则有

$$e_1 = \frac{N_1 d\Phi}{dt} = \omega N_1 \Phi_m \cos \omega t = 2\pi N_1 f_1 \Phi_m \sin(\omega t - 90°) \tag{4.3.6}$$
$$= 2\pi N_1 f_1 \Phi_m \sin(\omega t - 90°)$$

其有效值为

$$E_1 \approx 4.44 N_1 f_1 \Phi_m \tag{4.3.7}$$

同理，对转子电路有

$$\dot{E}_2 = (R_2 + jX_2)\dot{I}_2 \tag{4.3.8}$$

其有效值为

$$E_2 \approx 4.44 N_2 f_2 \Phi_m \tag{4.3.9}$$

2. 转子电路模型

定子和转子电流所产生的磁通势共同作用，决定了气隙中磁通的大小。其作用原理与变压器类似。因此转子的效应可用阻抗表示如下：

$$Z_2 = \frac{\dot{E}_2}{\dot{I}_2} = R_2 + jX_2 \tag{4.3.10}$$

当转子静止不动时，转子频率 $f_2 = f_1$，随着转子的转动，转子中各电量的频率随之变化，有 $f_2 = sf_1$，则转子旋转时，等效每相转子的电动势的有效值为

$$E_{2s} \approx 4.44 N_2 f_2 \Phi_m = 4.44 N_2 \Phi_m f_1 s = sE_{20} \tag{4.3.11}$$

式中，E_{20} 为转子静止时的感应电动势。同理，转子漏电抗与转子频率成正比，有

$$X_{2s} = sX_{20} \tag{4.3.12}$$

式中，X_{20} 为转子静止时的漏电抗，则转子旋转时的电压平衡方程为

$$\dot{E}_{2s} = (R_2 + jsX_{20})\dot{I}_{2s} \tag{4.3.13}$$

有

$$\dot{I}_{2s} = \frac{\dot{E}_{2s}}{R_2 + jX_{2s}} = \frac{s\dot{E}_{20}}{R_2 + jsX_{20}} = \frac{\dot{E}_{20}}{\dfrac{R_2}{s} + jX_{20}} = \dot{I}_2 \tag{4.3.14}$$

式（4.3.14）两边电流大小相等，但含义不同。$\dot{I}_{2s}$ 为转子旋转时的相电流，频率为 f_2；$\dot{I}_2$ 为转子静止时的相电流，频率为 f_1。频率折算后，转子电阻由 R_2 变为 $\dfrac{R_2}{s}$，可等效为原转子电路中串入电阻 $\dfrac{1-s}{s}R_2$。从物理意义上来说，该附加电阻是异步电动机机械功率的等效电阻，即电路中该等效电阻上的功率与实际旋转的异步电动机具有的机械功率等效。为便于计算，若将转子绕组相数、匝数以及绕组系数等都折算到定子侧，转子上的各电量均用折算值表示，则等效电路如图 4.3.8 所示。

图 4.3.8　三相异步电动机等效电路

【**例 4.3**】一台三相 4 极笼型异步电动机，定子绕组为三角形连接，已知 $P_N = 10\text{ kW}$，$U_{1N} = 380\text{ V}$，$f_1 = 50\text{ Hz}$，$n_N = 1\,455\text{ r/min}$，定子每相电阻 $R_1 = 1.375\ \Omega$，漏电抗 $X_1 = 2.43\ \Omega$，转子电阻 $R'_2 = 1.047\ \Omega$，漏电抗 $X'_2 = 4.4\ \Omega$，励磁电阻 $R_C = 8.34\ \Omega$，励磁电抗 $X_M = 82.6\ \Omega$，试计算额定负载运行时的定子相电流、功率因数和效率。

【**解**】额定转差率：

$$s_N = \frac{n_0 - n_N}{n_0} = \frac{1\,500 - 1\,455}{1\,500} = 0.03$$

定子阻抗：

$$Z_1 = R_1 + jX_1 = 1.375 + j2.43 = 2.79\ \underline{/60.5^\circ}\quad(\Omega)$$

转子等效阻抗：

$$Z'_2 = \frac{R'_2}{s_N} + jX'_2 = \frac{1.047}{0.03} + j4.4 = 35.18\ \underline{/7.2^\circ}\quad(\Omega)$$

励磁阻抗：

$$Z_M = R_C + jX_M = 8.34 + j82.6 = 83.02\ \underline{/84.23^\circ}\quad(\Omega)$$

以定子相电压为参考相量，即 $\dot{U}_{1N} = 380\ \underline{/0^\circ}\text{ V}$，则定子额定相电流为

$$\dot{I}_{1N} = \frac{\dot{U}_{1N}}{Z_1 + \dfrac{Z_M Z'_2}{Z_M + Z'_2}} = \frac{380\ \underline{/0^\circ}}{1.375 + j2.43 + \dfrac{35.18\ \underline{/7.2^\circ} \times 83.02\ \underline{/84.23^\circ}}{35.18\ \underline{/7.2^\circ} + 83.02\ \underline{/84.23^\circ}}}$$

$$= 11.7\ \underline{/-30.49^\circ}\text{（A）}$$

功率因数：

$$\cos\varphi_{1N} = \cos 30.49^\circ = 0.862$$

输入功率：$P_{1N} = 3U_{1N}I_{1N}\cos\varphi_N = 3 \times 380 \times 11.7 \times 0.862 = 11\,497\text{（W）}$

额定效率为

$$\eta_N = \frac{P_N}{P_{1N}} \times 100\% = \frac{10\,000}{11\,497} \times 100\% = 86.98\%$$

4.4　三相异步电动机的功率与转矩

4.4.1　三相异步电动机的功率和转矩介绍

1. 电动机的功率关系

电动机是输入电能、输出机械能的设备，在将电能转换为机械能的过程中，有一定的能

量损失，从而使输出的机械功率总是小于输入的电功率。

设输入电动机的三相总功率为

$$P_1 = \sqrt{3}U_1 I_1 \cos\varphi$$

式中 U_1 和 I_1 为定子绕组的线电压和线电流，$\cos\varphi$ 为定子绕组的功率因数。P_1 包括了电动机的三部分功率，即

$$P_1 = P_M + P_{Cu1} + P_{Fe1}$$

式中 P_{Cu1} 是定子绕组中的铜损；P_{Fe1} 是定子铁芯中的磁滞和涡流损耗，简称为铁损；P_M 是传送到转子的功率，称为电磁功率，因此应等于转子电路的有功功率，即 $P_M = 3I_2'^2 \dfrac{R_2'}{s}$。因为有铜损和铁损的存在，输入到转子的功率 P_M 小于输入电功率 P_1。从图 4.3.8 可知，$P_{Cu1} = 3I_1^2 R_1$，$P_{Fe1} = 3I_M^2 R_C$，而电磁功率 P_M 为

$$P_M = 3I_2'^2 \frac{R_2'}{s} \tag{4.4.1}$$

转子的电磁功率也并不是真正输出的机械功率，在 P_M 中还包括转子的铜损 P_{Cu2}、转子的铁损 P_{Fe2}（通常 P_{Fe2} 很小可忽略不计，如图 4.3.8 所示），即

$$P_M = P_{Cu2} + P_{Fe2} + P_{me}$$

式中，忽略铁损，在等效电路中，铜损 $P_{Cu2} = 3I_2'^2 R_2'$；P_{me} 是转子的机械功率。而输出给负载的机械功率还要减去机械损耗，也称为空载损耗 P_0（由轴承及风阻等摩擦所引起的），即电动机轴上输出给机械负载的机械功率为

$$P_2 = P_{me} - P_0$$

在等效电路中，机械功率为

$$P_{me} = 3I_2'^2 \frac{1-s}{s} R_2' \tag{4.4.2}$$

电动机的效率为

$$\eta = \frac{P_2}{P_1}$$

异步电动机功率的功率流向如图 4.4.1 所示。

图 4.4.1 功率流向

2. 电动机的转矩关系

电动机旋转磁场转速为 n_0，则旋转磁场的角速度为 $\Omega_0 = \dfrac{2\pi n_0}{60}$。电动机的电磁功率又可表示为

$$P_M = \Omega_0 \cdot T$$

式中，T 为电磁转矩。电动机输出的全部机械功率为 $P = \Omega \cdot T$。其中 $\Omega = \dfrac{2\pi n}{60}$ 为转子旋转的角速度。式 $P_2 = P_{me} - P_0$ 又可表示为 $T_2\Omega = T\Omega - T_0\Omega$，两边除以 Ω，得

$$T_2 = T - T_0$$

式中，T 为电磁转矩，T_2 为输出转矩，T_0 为空载转矩。通常 T_0 很小可忽略不计，则

$$T_2 = T$$

即电动机的输出转矩为电动机的电磁转矩，且与负载转矩相平衡。

4.4.2 电磁转矩 T

驱动三相异步电动机旋转的电磁转矩是由旋转磁场 Φ 和转子电流 I_2 相互作用所产生的，而且它还与转子的功率因数 $\cos\varphi_2$ 的大小有关（因为电磁转矩是由电流的有功分量产生的），由此得电磁转矩表达式为

$$T = C_T \Phi_m I_2' \cos\varphi_2 \tag{4.4.3}$$

式中，C_T 是与电动机本身结构有关的比例常数。

同时，电磁转矩与传递到转子电阻的功率有关，在图 4.3.8 中，忽略励磁绕组支路，结合式（4.4.1），有

$$
\begin{aligned}
T &= \frac{3}{\Omega_0} \cdot \frac{U_1^2 \dfrac{R_2'}{s}}{\left(R_1 + \dfrac{R_2'}{s}\right)^2 + (X_1 + X_2')^2} \\
&= \frac{3}{2\pi f_1} \cdot \frac{U_1^2 \dfrac{R_2'}{s}}{\left(R_1 + \dfrac{R_2'}{s}\right)^2 + (X_1 + X_2')^2}
\end{aligned}
\tag{4.4.4}
$$

可以看出，电磁转矩 T 除了与转子电阻 R_2'、转子电抗 X_2'、转差率 s 有关外，还与每相定子绕组电压 U_1 的平方成正比，所以 U_1 的变化对电磁转矩 T 的影响很大。式（4.4.4）与定子电压、频率及电动机的参数有关，常叫作电动机的机械特性的参数表达式。

电动机的电磁转矩 T 也可由电动机轴上输出的机械功率 P 求出。在忽略空载损耗的情况下，电磁转矩为

$$T \approx \frac{P}{\Omega} = \frac{P}{\dfrac{2\pi n}{60}} = 9.55\frac{P}{n}\,(\text{N}\cdot\text{m}) \tag{4.4.5}$$

式中，n 为电动机（转子）转速（r/min），P 为电动机轴上输出的机械功率（W）。若电动机轴上输出的是额定功率 P_N，电动机转速是额定转速 n_N，这时电动机输出的转矩为额定转矩

T_N，即

$$T_N = 9.55 \frac{P_N}{n_N} \tag{4.4.6}$$

这一公式是求电动机输出额定转矩经常使用的公式。

将式（4.4.4）中的电磁转矩 T 对转差率 s 求微分，然后令 $\dfrac{\mathrm{d}T}{\mathrm{d}s} = 0$，求得对应于最大电磁转矩 T_{max} 的转差率为

$$s_m = \pm \frac{R_2'}{\sqrt{R_1^2 + (X_1 + X_2')^2}} \tag{4.4.7}$$

式中，s_m 称为临界转差率，电机处于电动机运行状态时，取"+"号。将式（4.4.7）代入式（4.4.4），可求得最大电磁转矩为

$$T_{max} = \frac{3}{4\pi f_1} \frac{U_1^2}{\sqrt{R_1^2 + (X_1 + X_2')^2}} \tag{4.4.8}$$

最大电磁转矩 T_{max} 和临界转差率 s_m 是三相异步电动机十分重要的参数。最大电磁转矩 T_{max} 越大，则电动机的过载能力越强。因此，将 T_{max} 与电动机的额定转矩之比，定义为电动机的过载转矩倍数，用 λ_m 表示，有

$$\lambda_m = \frac{T_{max}}{T_N} \tag{4.4.9}$$

在电动机参数中，有 $R_1 \ll X_1 + X_2'$，则式（4.4.7）、式（4.4.8）可分别简化为

$$s_m = \pm \frac{R_2'}{X_1 + X_2'} \tag{4.4.10}$$

$$T_{max} = \frac{3}{4\pi f_1} \frac{U_1^2}{X_1 + X_2'} \tag{4.4.11}$$

在电动机接入电源瞬间，转速为零，$s = 1$，将之代入式（4.4.4），得电动机起动时的起动转矩

$$T_{st} = \frac{3}{2\pi f_1} \frac{U_1^2 R_2'}{(R_1 + R_2')^2 + (X_1 + X_2')^2} \tag{4.4.12}$$

可见，对于绕线式电动机，通过在转子回路串接附加电阻，即使 R_2' 增大，可增大起动转矩 T_{st}，从而改善起动性能。将 T_{st} 与 T_N 的比值称作起动转矩倍数 λ_{st}，即

$$\lambda_{st} = \frac{T_{st}}{T_N} \tag{4.4.13}$$

由式（4.4.7）有

$$\frac{R_2'}{s_m} = \sqrt{R_1^2 + (X_1 + X_2')^2} \tag{4.4.14}$$

则将式（4.4.4）除以式（4.4.8），并利用式（4.4.14），有

$$\frac{T}{T_{\max}} = \frac{2\left(1 + \dfrac{R_1}{R_2'}s_{\mathrm{m}}\right)}{\dfrac{s}{s_{\mathrm{m}}} + \dfrac{s_{\mathrm{m}}}{s} + \dfrac{2R_1}{R_2'}s_{\mathrm{m}}} \tag{4.4.15}$$

通常，$s_{\mathrm{m}} = 0.1 \sim 0.2$，故 $\dfrac{R_1}{R_2'}s_{\mathrm{m}} \approx 0.2 \sim 0.4$，而 $\dfrac{s}{s_{\mathrm{m}}} + \dfrac{s_{\mathrm{m}}}{s} > 2$，所以忽略 $\dfrac{R_1}{R_2'}s_{\mathrm{m}}$，式（4.4.15）简化为

$$T = \frac{2T_{\max}}{\dfrac{s}{s_{\mathrm{m}}} + \dfrac{s_{\mathrm{m}}}{s}} \tag{4.4.16}$$

式（4.4.16）即电动机机械特性的实用表达式。在已知最大转矩和临界转差率的情况下，可以求出任意转速或转差率下的电磁转矩，即可画出机械特性曲线。式（4.4.16）因简单实用，在工程中得到广泛应用。通常，三相异步电动机在额定状态附近运行时，转差率比较小，有 $\dfrac{s}{s_{\mathrm{m}}} \ll \dfrac{s_{\mathrm{m}}}{s}$，式（4.4.16）进一步简化为

$$T = \frac{2T_{\max}s}{s_{\mathrm{m}}} \tag{4.4.17}$$

显然，式（4.4.17）为线性关系，表明三相异步电动机在额定运行状态附近时，转矩与转差率成正比。

从电动机的产品手册中，可查到额定功率 P_{N}、额定转速 n_{N} 以及过载转矩倍数 λ_{m}，则按式（4.4.16）可得

$$\lambda_{\mathrm{m}} = \frac{T_{\max}}{T_{\mathrm{N}}} = \frac{\dfrac{s_{\mathrm{N}}}{s_{\mathrm{m}}} + \dfrac{s_{\mathrm{m}}}{s_{\mathrm{N}}}}{2}$$

可求出临界转差率为

$$s_{\mathrm{m}} = s_{\mathrm{N}}\left(\lambda_{\mathrm{m}} \pm \sqrt{\lambda_{\mathrm{m}}^2 - 1}\right) \tag{4.4.18}$$

式中，正负号可根据实际情况选取。

4.4.3 机械特性

在额定电源电压 U_{N} 和额定频率 f_{N} 下，电动机按规定的接线方式，定、转子无外接电阻时的机械特性 $n = f(T)$，称为（固有）机械特性曲线，如图 4.4.2 所示。

在机械特性曲线上有几个重要的运行点，我们将分别讨论。

1. 额定运行点

额定转矩 T_{N} 是电动机在额定状态运行下的电磁转矩，如某台电动机的铭牌数据给出的额定功率 P_{N}

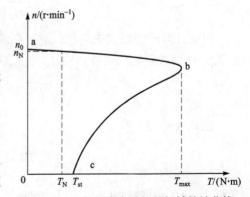

图 4.4.2　三相异步电动机的机械特性曲线

为 2.2 kW，额定转速 n_N 为 1 430 r/min，则额定转矩为

$$T_N = 9.55\frac{P_N}{n_N} = 9.55\frac{2.2\times10^3}{1\,430} = 14.69\,(\text{N}\cdot\text{m})$$

2. 最大转矩点

T_{max} 是在一定的电源电压下，电动机所能提供的最大转矩，对应于最大转矩的转差率为 s_m。电动机的负载转矩绝不能大于最大转矩 T_{max}，一旦负载转矩 $T_L > T_{max}$，电动机转速将迅速下降，导致电动机堵转运行，故该点为临界转速点。

从式（4.4.11）可以看出，最大转矩 T_{max} 与电源电压 U_1 平方成正比，而与转子电阻 R_2 无关。但 s_m 与 R_2 成正比，它们之间的关系曲线如图 4.4.3 所示。

图 4.4.3（a）所示是当电源电压改变时，转速与转矩的关系曲线。当降低电源电压 U_1 时，T_{max} 与电源电压 U_1 平方成比例下降，T_{st} 与电源电压 U_1 平方成比例下降，但临界转差率 s_m 保持不变。可见，电压 U_1 下降，电动机的起动能力和过载能力下降，对电动机的运行影响很大。

当 U_1 下降，电动机拖动同一负载时，其转速降低，转差率 s 增大，故转子电流也随之增大。若电动机原运行于额定状态，则电压下降后电流将超过额定电流，电动机会过载，使电动机发热严重，电动机的使用寿命将降低。

图 4.4.3（b）所示是当转子电阻改变时，转速与转矩的关系曲线。当转子电阻增加时，起动转矩 T_{st} 也增加，但最大转矩 T_{max} 保持不变。绕线式电动机正是利用该特性来改善其起动性能的。

图 4.4.3 分别改变 U_1 和转子电阻 R_2 时的机械特性曲线

（a）改变电压 U_1；（b）改变转子电阻 R_2

3. 起动点

T_{st} 是电动机刚刚接入电源尚未转动时的转矩，此时 $n=0$，$s=1$，从式（4.4.12）可见，T_{st} 也与电源电压 U_1 平方成正比，并与 R_2 有关。改变 U_1 会改变起动转矩的大小，增大转子电阻会使起动转矩增大（见图 4.4.3）。

一般电动机的起动转矩倍数 $\lambda_{st} = 1.0\sim2.8$。如果起动转矩小于负载转矩，电动机不能起动。如果起动转矩大于负载转矩，在接通电源的瞬间，由于 $n=0$，电动机此时的电流达到最大，容易使电动机过热。一般，$I_{st} = (4\sim7)I_N$，所以一般不允许频繁起动电动机。

4. 同步转速点

在该点，有 $n = n_0$，$s=0$，$T=0$。此时，转子与定子磁场同步旋转，转子绕组上无感应

电动势，也没有转子电流，故不产生电磁转矩。在无外力作用的情况下，三相异步电动机不可能在该点运行。

5. 机械特性曲线的两个区域

机械特性曲线（见图 4.4.4）有两个性质不同的区域，*ab* 段为电动机自适应调整区，又称稳定运行区。在这一区域范围内，电动机能自动适应负载转矩的变化，即负载转矩发生变化时，电动机能自动调整到稳定工作状态。

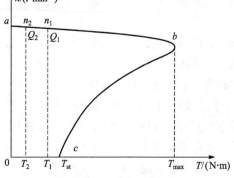

图 4.4.4　机械特性分析

bc 段为过渡区，又称不稳定区。在这一区域，电动机不能自动适应负载转矩的变化，其结果必然是重新回到稳定运行区或停止转动。

（1）电动机的起动与稳定运行过程。

当电动机起动时，只要起动转矩大于负载转矩（设负载转矩为额定负载转矩），电动机便转动起来，并沿着 *cb* 段曲线变化。在这段时间内，电动机的转子电流较大，电动机转矩增加，电动机加速。虽然在这段时间内，电动机的转子转速和旋转磁场的转速之间的转速差在减小，但转子电流仍较大，且功率因数 $\cos\varphi_2$ 也随着转速的增加而增加，这使电动机的转矩仍然是增大的。当电动机运行到曲线的 *b* 点后，电动机进入 *ab* 段。在 *ab* 段随着转速的继续上升，旋转磁场与转子间相对运动减小，转子中的电流开始减小，电动机电磁转矩也开始减小，直到电动机的电磁转矩与额定负载转矩相等，电动机转速不再变化，即保持匀速运转，并稳定运行在额定运行点 Q_1。

（2）负载转矩变化引起的电动机调节过程。

在稳定运行区域内，如果负载转矩变化，电动机的电磁转矩将自动随之变化，并重新达到一个新的平衡状态而稳定运行。

若电动机负载转矩突然减小到 T_2，使负载转矩 T_2 小于电动机输出的额定转矩 T_N，电动机将加速运行。s 减小使转子电流随之减小，电动机输出转矩降低，直至电动机的输出转矩 T 等于负载转矩 T_2，电动机重新稳定运行在 Q_2 点，此时电动机的转速高于额定转速。

若负载转矩增加到大于最大转矩 $T_{\max}$，电动机转速很快减小，过了 *b* 点后，电动机进入不稳定运行区域。随着转速的继续减小，转矩也减小，直到 *c* 点，电动机停止转动。此时，因为电动机的转速 $n=0$，旋转磁场与转子之间的相对运动速度最大，所以定、转子电流很大，是额定电流的 4～7 倍，如不及时切断电源，时间稍长，会使电动机因过热而损坏。

由以上分析可知，电动机在稳定区域运行时，其输出电磁转矩和转速的大小取决于它所带动的机械负载转矩。负载转矩增大，电磁转矩也增大，转子转速减小，而且转子电流与定子电流也随之增加，输入电功率也增加。

【例 4.4】 已知某台三相异步电动机的额定数据为：$P_N=4.5\text{ kW}$，$n_N=950\text{ r/min}$，效率 $\eta_N=84.5\%$，$U_N=380\text{ V}$，$\cos\varphi_N=0.84$，接成星形（Y），$f_1=50\text{ Hz}$，过载系数 $\lambda_m=2$，起动转矩倍数 $\lambda_{st}=1.7$。求：（1）磁极对数 P；（2）额定转差率 s_N；（3）额定转矩 T_N；（4）额定输入功率 P_{1N}；（5）定子的额定电流 I_N；（6）最大转矩 $T_{\max}$；（7）起动转矩 T_{st}。

【解】（1）根据 $n_N=950\text{ r/min}$，可以得出 $n_0=1\,000\text{ r/min}$，磁极对数

$$P = \frac{60f_1}{n_0} = \frac{60 \times 50}{1\,000} = 3$$

（2）额定转差率为

$$s_N = \frac{n_0 - n_N}{n_0} = \frac{1\,000 - 950}{1\,000} = 0.05$$

（3）额定转矩为

$$T_N = 9.55\frac{P_N}{n_N} = 9.55 \times \frac{4.5 \times 10^3}{950} = 45.24\ (\text{N} \cdot \text{m})$$

（4）额定输入功率

$$P_{1N} = \frac{P_N}{\eta_N} = \frac{4.5}{0.845} = 5.33\,(\text{kW})$$

（5）根据 $P_{1N} = \sqrt{3}U_N I_N \cos\phi_N$，额定电流

$$I_N = \frac{P_{1N}}{\sqrt{3}U_N \cos\phi_N} = \frac{5.33 \times 10^3}{\sqrt{3} \times 380 \times 0.84} = 9.64\,(\text{A})$$

（6）最大转矩

$$T_{max} = \lambda_m T_N = 2 \times 45.24 = 90.48\ (\text{N} \cdot \text{m})$$

（7）起动转矩

$$T_{st} = \lambda_{st} T_N = 1.7 \times 45.24 = 76.91\ (\text{N} \cdot \text{m})$$

4.5　三相异步电动机的使用

三相异步电动机在使用过程中主要有三个方面的问题要解决，即电动机的起动、调速和制动。下面分别讨论之。

4.5.1　三相异步电动机的起动

1. 起动过程存在的问题

将三相异步电动机接入电源，电动机由静止不动，到达至稳定转速运行中间所经历的过程称为起动。在刚接入电源的一瞬间，电动机转速 $n = 0$，此时旋转磁场与转子之间相对运动速度最大。由式（4.3.14）可知，在转子绕组中产生的感应电动势和感应电流最大，定子电流也最大，通常为额定电流的 4～7 倍。如果电动机不是频繁起动就不会有热量的积累，对电动机本身没有多大的影响。

但是，过大的起动电流对供电线路会有一定的影响。因为过大的起动电流会在线路上产生较大的电压降，降低了电网供电的电压，影响到同一供电系统上的其他电器设备不能正常工作。如工作在同一电源的其他异步电动机，由于电磁转矩与电压平方成正比，电压的降低会减小它们的转速，增大其电流，甚至会使 T_{max} 小于负载转矩而造成电动机意外停转。

另外在刚起动时，虽然起动电流大，但由于 $s = 1$，转子感抗大，这使转子功率因数较小，所以起动转矩并不大，不能带动较大的负载起动。可见三相异步电动机起动时存在着起动电

流大、起动转矩小的问题。因此常采用不同的起动方法来改善电动机的起动性能。

2. 起动方法

1）直接起动

通过开关或接触器将电动机直接接入电源的起动方法称为直接起动。这种起动方法简单、容易实现，但是否允许电动机直接起动，取决于电动机容量和供电电源容量之间的比例。

在以下几种情况下，一般可以采用直接起动的方法。若电动机的电源是在具有独立变压器供电的情况下，对于不经常起动的三相异步电动机，其功率不能超过电源容量的30%；对于频繁起动的三相异步电动机，其功率不应超过电源容量的20%；如果没有独立变压器供电，三相异步电动机直接起动时所产生的电压降不应超过额定电压的5%。

2）降压起动

对于不允许直接起动的电动机，可以采用降压起动的方法，以减小起动电流。降压起动就是在起动时，降低加在定子绕组上的电压。待电动机的转速接近额定值时，再将定子绕组的电压恢复到额定值，使电动机进入正常运行状态。

由于三相异步电动机的起动转矩与电源电压平方成正比，在降低起动电压限制起动电流的同时，也大大降低了起动转矩。因此降压起动的方法只适用于电动机的轻载或空载起动。降压起动有以下几种常用的方法：

（1）星形–三角形（Y–△）转换降压起动。

这种方法是在起动时先将定子绕组接成星形（Y），当电动机转速接近稳定值时，再将定子绕组接成三角形（△），使电动机运行在三角形的连接方式下。

这样在起动时，就能将定子每相绕组上的电压降到正常工作电压的 $\dfrac{1}{\sqrt{3}}$。显然这种方法只适用于 6 个接线端子均可用，且正常工作时定子绕组为三角形连接的三相异步电动机。

下面分析电动机的起动电流和起动转矩。

定子绕组接成星形时的起动电流（见图 4.5.1）：

$$I_{1Y} = I_{PY} = \frac{U_{PY}}{|Z|} = \frac{U_1}{\sqrt{3}\,|Z|}$$

定子绕组接成三角形时的起动电流：

$$I_{1\triangle} = \sqrt{3}I_{P\triangle} = \sqrt{3}\,\frac{U_{P\triangle}}{|Z|} = \sqrt{3}\,\frac{U_1}{|Z|}$$

则

$$\frac{I_{1Y}}{I_{1\triangle}} = \frac{U_1 / \sqrt{3}\,|Z|}{\sqrt{3}U_1 / |Z|} = \frac{1}{3}$$

即降压起动时的电流为直接起动时的 $\dfrac{1}{3}$。

由于起动转矩与电压的平方成正比，所以当定子每相绕组电压降低到正常工作电压的 $\dfrac{1}{\sqrt{3}}$ 时，起动转矩则减小到直接起动时的 $\dfrac{1}{3}$。

图 4.5.1 星形—三角形降压起动电流的计算

这种起动方法的线路如图 4.5.2 所示。在起动时先将开关 Q_1 向下合,实现异步电动机的星形接法起动。待电动机转速接近稳定转速时再将开关 Q_1 向上合,将电动机换接成三角形。目前常采用继电器–接触器控制线路（见 6.2.5 节"时间控制"）来实现星形–三角形接法的自动转换。

（2）自耦变压器降压起动。

若三相异步电动机不能采用星形–三角形降压起动,可采用三相自耦变压器降压起动,起动线路如图 4.5.3 所示。

起动时先将开关 Q_1 向下合,使电动机定子绕组与自耦变压器低压边相接,进行降压起动,当电动机转速接近额定值时,再将开关 Q_1 向上合,使电动机定子绕组直接与电源相接,进入正常运行状态。

图 4.5.2　星形–三角形转换起动

图 4.5.3　自耦变压器降压起动

采用这种降压起动的方法,使定子绕组的电压为原来的 $1/k$ 倍（k 是自耦变压器的变比）,供电线路的电流减小为原来起动电流的 $1/k^2$ 倍,起动转矩也为直接起动时的 $1/k^2$ 倍。这种起动方法的优点是,起动电压可以根据需要来选择,使用起来方便灵活,但需要自耦变压器,从而增加了成本。

（3）转子串电阻降压起动。

这种起动方法是在转子绕组中接入起动电阻,因此只适用于绕线式异步电动机。其起动线路如图 4.5.4 所示。起动时,先将起动变阻器的阻值置于最大位置,随着转速的上升,逐渐减小起动电阻,直到电动机转速接近额定值时,再全部切除起动电阻,使电动机进入正常运行状态。

图 4.5.4　转子串电阻起动

电动机转子串接起动电阻，不但减小了起动电流，而且增大了转子的功率因数 $\cos\varphi_2$，因此提高了电动机的起动转矩。

在起动频繁，并要求有较大起动转矩的生产机械上，常采用绕线型异步电动机。

【**例 4.5**】一台笼型三相异步电动机的定子绕组为三角形连接，$P_N = 28\ kW$，$U_N = 380\ V$，$I_N = 58\ A$，$\cos\varphi_N = 0.88$，$n_N = 1\ 455\ r/min$，$\lambda_{st} = 1.2$，$I_{st}/I_N = 6$，$\lambda_m = 2.3$，起动负载转矩为 $71.5\ N\cdot m$，要求起动电流不大于 $150\ A$。

（1）该电动机能否采用星形－三角形转换方法进行起动？

（2）若采用自耦变压器降压起动，当自耦变压器的抽头为 $64\%\left(\dfrac{1}{k} = 0.64\right)$ 时，其能否满足起动要求？

【**解**】（1）电动机额定转矩为

$$T_N = 9.55\frac{P_N}{n_N} = 9.55 \times \frac{28 \times 10^3}{1\ 455} = 183.78\,(N \cdot m)$$

直接起动时的起动转矩为

$$T_{st} = 1.2 \times T_N = 1.2 \times 183.78 = 220.54\,(N \cdot m)$$

星形－三角形起动时的起动转矩为

$$T_{stY} = \frac{1}{3}T_{st} = \frac{1}{3} \times 220.54 = 73.5\,(N \cdot m) > 71.5\ N \cdot m$$

直接起动时的起动电流为

$$I_{st} = 6 \times I_N = 6 \times 58 = 348\,(A)$$

星形－三角形起动时的起动电流为

$$I_{stY} = \frac{1}{3}I_{st} = \frac{1}{3} \times 348 = 116\,(A) < 150\ A$$

故可以采用星形－三角形转换起动方法。

（2）采用自耦变压器降压起动时的起动电流和起动转矩分别为

$$I'_{st} = 0.64^2 I_{st} = 0.64^2 \times 348 = 142.54\,(A) < 150\ A$$

$$T'_{st} = 0.64^2 T_{st} = 0.64^2 \times 220.54 = 90.33\,(N \cdot m) > 71.5\ N \cdot m$$

故能满足要求。

4.5.2　三相异步电动机的调速

在某一确定负载下，人为地改变电动机转速称为调速。生产工艺过程的需要，提出了调节电动机转速的要求，以获得更好的工艺质量和生产效率。从电动机的转速表达式

$$n = (1-s)n_0 = (1-s)\frac{60f_1}{P}$$

可知，改变电动机的转速有三种方法：改变磁极对数 P、改变转差率 s、改变电源频率 f_1。

改变定子绕组所形成的磁极对数与改变电源频率的调速方法适用于笼型异步电动机，它们是通过改变旋转磁场转速 n_0 的大小来进行调速的。改变电动机转差率的方法只适用于绕线式异步电动机，这种调速方法并不改变旋转磁场的转速 n_0，而是通过在转子绕组电路中串联

电阻，改变转差率，来实现对电动机的调速。

1. 变频调速

变频调速是通过改变电动机的电源频率进行调速。由于能连续改变电源频率 f_1，所以速度的改变也是连续和平滑的。由异步电动机的转速表达式可知，改变了定子电源频率 f_1，就可以改变旋转磁场的转速，从而改变电动机的转速。

在忽略定子漏阻抗的情况下，异步电动机的感应电动势 E_1 近似等于电源电压 U_1，即

$$U_1 \approx E_1 = 4.44 f_1 N_1 \Phi K_1$$

由上式可知，若电源电压 U_1 不变，则磁通随频率而变。通常在设计电机时，为了充分利用铁芯材料，将磁通 Φ 的数值选择在接近饱和值上。因此，如果频率从额定值（工作频率为 50 Hz）往下调，磁通会增加，这将造成磁路过饱和，使励磁电流增加，铁芯过热，增加其损耗。如果频率从额定值往上调，会使磁通减小，造成电机欠励磁，影响电动机的输出转矩。为此，在调节电源频率 f_1 的同时要同步调节电源电压 U_1 的大小，以保持 U_1/f_1 值为恒定，从而维持磁通恒定不变。

但在实际应用中，由于受电动机的额定电压值限制，在有的情况下不能保持 U_1/f_1 值为恒定，这样就出现了不同的变频调速控制方式。

异步电动机变频调速的控制方式主要如下所述。

1）保持 U_1/f_1 值恒定的恒转矩变频调速方式

这种调速方式是将频率 f_1 从额定值往下调（同时减小 U_1），由于频率减小，电动机转速降低。在这种变频调速过程中，由于 $U_1 = 4.44 f_1 N_1 \Phi$，$T = C_T \Phi I_2 \cos \varphi_2$，如果负载转矩不变，磁通又是恒定的，则转子电流不变，电动机输出转矩也不变，故为恒转矩调速。这种保持磁通恒定、输出转矩不变的变频调速机械特性如图 4.5.5（a）所示。这种调速方法的机械特性较硬，即转速降较小，调速范围较宽，但低速性能较差。如果电源频率 f_1 能实现连续调节，就能实现无级变频调速。

2）恒功率变频调速方式

这种方式是将频率 f_1 从额定值向上调。由于一般不允许将电动机的电源电压升高超过其额定值，因此在电源电压 U_1 不变的情况下，提高电源频率会使磁通 Φ 减小，输出转矩随之减小。对于恒功率负载，若电动机转速升高，其输出转矩会减小，从而异步电动机的电磁功率基本保持不变。这种恒功率变频调速方式的机械特性如图 4.5.5（b）所示，它的机械特性较软，即转速降较大。这种调速方式也称为恒压弱磁变频调速。在实际应用中可根据不同负载采用不同的调速方式。通常恒转矩负载采用恒转矩调速方式，恒功率负载采用恒功率调速方式。

图 4.5.5　变频调速机械特性曲线

近年来，出现了一些新的控制方式，如矢量控制转矩和磁通直接控制等，可进一步改善变频调速器的调速性能，详细介绍可查阅变频调速的相关资料。变频调速是一种理想的调速方式，可实现连续调速，又能节能，但需要变频器，故成本较高。

（1）变频器简介。

若实现变频调速就要有变频电源，变频电源是由变频器提供的。变频器的基本结构如图4.5.6所示，其由主电路和控制电路组成。

图 4.5.6　变频器的原理

主电路包括整流、滤波和逆变三个部分。它的工作原理是：首先将工频交流电压通过整流器转换为直流电压，经过滤波后，再通过逆变器将直流电压转换为频率可调的交流电压。

控制电路的功能是向主电路提供控制信号，它包括对电压和频率进行运算的运算电路，对主电路进行电流、电压检测的检测电路，将运算电路的控制信号进行放大的驱动电路以及主电路和控制电路的保护电路。

在现代变频器中，普遍采用正弦波脉宽调制（SPWM）方式，将直流电转换为频率和电压可调的交流电。它是通过改变输出的脉冲宽度，使输出电压的平均值接近于正弦波，即使脉冲系列的占空比按正弦规律来安排。当正弦值为最大值时，脉冲的宽度也最大，当正弦值较小时，脉冲的宽度也较小。如果脉冲间的间隔小，相应的输出电压大；反之，脉冲间的间隔较大，相应的输出电压也较小。变频器输出电压波形如图4.5.7所示。

图 4.5.7　PWM 波形图

（2）变频调速器应用实例：变频供水控制系统。

变频恒压供水系统与传统的水塔供水或直接管网供水相比具有许多优点：可以去掉顶层水箱，避免水箱的二次污染；可以自动运行，不需人工值守；供水压力稳定，并可以节约电能；可以均衡多台水泵的使用时间；在火灾时可以起动消防供水等。

某变频恒压供水控制系统的功能要求如下：

① 实现恒压供水，对用户管网的压力可以随时调节；

② 每天实现一日三次定时供水；

③ 两台泵以三天为一个单位轮流切换；

④ 当一台泵供水不足时，可以自动启动另一台泵。

变频恒压供水控制系统的设计如下：

该系统的框图如图 4.5.8 所示。系统以可编程序控制器（PLC）为控制核心，实现系统要求的控制。控制过程为：通过压力传感器检测到用户水压的大小，将这一信号送入 PLC。PLC 与压力的设定值比较后，将按编制好的程序进行处理，然后向变频调速器发出速度调节信号，调节水泵的旋转速度，从而实现恒压供水。PLC 除了实现对变频器的控制外，还接收和发出各种控制信号，如水泵的启动和停止信号（由交流接触器实现）。它还能实现多泵的切换、故障报警等功能。

图 4.5.8　变频恒压供水控制系统原理

2. 变极调速

变极调速是通过改变异步电动机定子旋转磁场的磁极对数来改变旋转磁场转速 n_0，从而改变电动机的转速，来实现调速的。每当磁极对数增加一倍，旋转磁场的转速 n_0 就降低一半，转子转速也将降低一半，显然这种调速方法是有级调速。

改变异步电动机的磁极对数是通过改变定子绕组的接线方式来实现的。现以四极变两极为例，说明变极调速原理。图 4.5.9 所示是一台四极三相异步电动机定子 U 相绕组的接线图，图 4.5.9（a）所示是 U 相绕组展开图，它是由两个等效集中线圈串联组成，连接顺序为 U_1–U_2–U'_1–U'_2，当 $U_1U'_2$ 绕组有电流通过时，方向如图 4.5.9（b）所示，根据右手定则，可以判断出定子旋转磁场有四个磁极，这时磁极对数 $P=2$。

图 4.5.9　变极调速时的四极磁场

如将线圈连接顺序改为 U_1–U_2–U'_2–U'_1，如图 4.5.10（a）所示。当有电流通过绕组时，它产生的定子旋转磁场有两个磁极，如图 4.5.10（b）所示，这时磁极对数 $P=1$。

由以上可以看出，如果改变电动机定子绕组中部分绕组的电流方向，则电动机的磁极对数会成倍变化，从而使旋转磁场转速及转子转速也成倍变化。

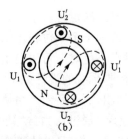

图 4.5.10   变极调速时的两极磁场

通常，普通电动机的极对数是不能改变的，为了达到变极调速的目的，人们研制出了实现变极调速的电动机，称为变极电动机。这种电动机适用于车床、镗床、钻床等加工机床。如在初加工时，由于进刀量大，负载转矩大，可采用低速运行；而在精加工时，由于进刀量小，负载转矩小，则可采用高速运行，从而获得较高效率。这种调速方式简单，容易实现，但不能对转速实现连续调节。

3. 变转差率调速

这种调速方式是在绕线型异步电动机的转子绕组中串联接入电阻，通过改变转差率实现调速。调速机械特性如图 4.5.11 所示。

图 4.5.11   变转差率调速时的机械特性曲线

其调速原理是：设电动机在额定转速 n_N 下运行，在增大转子电阻的瞬间，转子电流减小，使电动机输出的电磁转矩小于负载转矩，这将引起电动机转速下降。转速下降则转差率增大，从而使转子中的感应电动势增大，转子电流和电磁转矩回升。直到电磁转矩与负载转矩重新相等，电动机稳定运行，但这时电动机的转速降到 n'。这种调速方法使转差率改变，故称为变转差率调速。

这种调速方法的特点是：旋转磁场转速不变，但其改变了机械特性运行段斜率，转子串入的电阻越大斜率越大（机械特性越软），随着负载转矩的增加，转速下降就越快，但最大转矩不变。这种调速方法设备简单，可实现连续调速，但在调速电阻上增加了能量损耗。

4.5.3 三相异步电动机的制动

当切断三相异步电动机供电电源后，电动机会依靠惯性继续转动一段时间后才停止。为了保证生产机械工作的准确性和提高生产效率，需要采用某种方法对电动机实行制动，即强迫电动机迅速停止转动。下面介绍三种常用的制动方法。

1. 能耗制动

这种制动方法是在电动机断电之后，立即在定子绕组中通入直流电流，以产生一个恒定的磁场。它与继续转动的转子相互作用，产生一个与转子旋转方向相反的电磁转矩，迫使电动机迅速停下来。图 4.5.12 所示是能耗制动原理。这种制动方法是利用消耗转子的动能来实现制动的，所以称为能耗制动。

图 4.5.13 所示是能耗制动线路，由开关 Q 实现制动的转换。电机正常运转时开关 Q 合向"运转"侧，当制动时，开关 Q_1 断开，合向"制动"侧。当电动机停转后，打开开关 Q_1，切

断直流电源。这种制动方法消耗能量小，制动效果较好，但需配直流电源。

图 4.5.12 能耗制动原理

图 4.5.13 能耗制动线路

2. 反接制动

反接制动是将接到电动机定子绕组的三相电源的三根导线中的任意两根对调位置，如图 4.5.14 所示，即通过改变接入电动机三相电源的相序来实现制动。当三相电源的相序改变时，电动机旋转磁场立即反向旋转，产生的电磁转矩方向与原来的方向相反，即与电动机由于惯性仍在转动的方向相反，因此起到了制动的作用。当电动机转速降为零时，应及时切断电源，否则电动机将反向起动。

在反接制动时，旋转磁场与转子相对速度（n_0+n）很大，因而会在定、转子中产生很大的电流，为了限制这个电流，通常在定子绕组中串入限流电阻 R。这种制动方法简单，制动力矩大，制动效果好，但能量消耗较大。

图 4.5.14 反接制动线路

3. 发电反馈制动

当转子转速 n 超过旋转磁场转速 n_0 时，转子所产生的转矩为制动转矩，制动原理如图 4.5.15 所示。由于 $n>n_0$，这时转子中产生的感应电动势及感应电流的方向均与电动机的电动状态相反，由此产生制动转矩，在制动转矩的作用下，电动机转速减小。

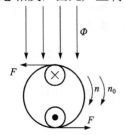

图 4.5.15 发电反馈制动原理

如在采用变频器对异步电动机进行调速时，降低变频器的输出频率使电动机处在减速过程中。在减速瞬间，旋转磁场的转速低于电动机的实际转速，异步电动机便成为异步发电机，它将机械负载和电动机所具有的机械能量反馈给变频器，并在电动机中产生制动转矩，故称为发电反馈制动。另外，在多速电动机从高速调到低速的过程中，起重机快速下放重物时，也会出现这种发电制动情况。

4.6 三相异步电动机的选择

生产机械的动力主要来自电动机，因此，对电动机的正确选择具有重要的意义。它不仅与运行的可靠性和设备的成本有关，还与运行费用紧密相关。选择电动机的基本原则是使电动机的实际输出功率与机械设备的负载合理配合，使电动机的运行效率合理，避免"大马拉小车"或"小马拉大车"现象。

电动机的选择主要包括电动机类型的选择、电动机额定功率的选择、电动机额定电压的选择、电动机额定转速的选择等。

1. 电动机类型的选择

电动机类型选择的原则是在满足生产机械对静态和动态特性要求的前提下，选用结构简单、运行可靠、维修方便、价格便宜的电动机。

选择电动机类型时应考虑：① 电动机的机械特性要与负载的机械特性相匹配；② 电动机的起动性应能满足起动转矩的要求；③ 提供的电源要方便；④ 适用于电动机的使用环境。

2. 电动机额定功率的选择

（1）按发热条件来选择电动机额定功率 P_N，即根据下式：

$$P_N = \frac{A \cdot n_N \cdot T_{max}}{(1-\eta_N)}$$

式中，P_N 为电动机的额定功率（kW）；η_N 为电动机的额定效率；A 为电动机的散热系数。

（2）连续运行电动机额定功率的选择。先算出生产机械的功率 P_2，然后选择一台额定功率为 $P_N \geqslant P_2$ 的电动机即可。不同的生产机械求其功率的大小有不同的公式，可查阅相关手册，如车床的切削功率为

$$P_1 = \frac{Fv}{60}（W）$$

式中，F 为切削力（N），v 为切削速度（m/min），电动机的切削功率为

$$P_N \geqslant P_2 = \frac{P_1}{\eta_1} = \frac{Fv}{60 \times \eta_1}（W）$$

式中，η_1 为传动机构的效率。

（3）短时运行电动机额定功率的选择。通常根据过载系数 λ_m 来选择电动机的功率，即电动机的额定功率

$$P_N = \frac{P_1}{\lambda_m}$$

式中，P_1 是生产机械所需的功率。如刀架快速移动对电动机所要求的功率为

$$P_1 = \frac{G\mu v}{102 \times 60 \times \eta_1}（kW）$$

式中，G 为被移动部分的重量（kg）；v 为移动速度（m/min）；μ 为摩擦系数，为 0.1～0.2；η_1 为传动机构效率，则所选电动机的额定功率为

$$P_N = \frac{P_1}{\lambda_m}（kW）$$

（4）短时过载能力。在考虑电动机额定功率的同时还应考虑短时过载能力。短时过载能力受其最大转矩 T_{max} 或其最大允许电流 I_{max} 的限制。电机承受短时最大负载转矩 T_{2max} 应满足

$$T_{2max} \leqslant K^2 \lambda_m T_N$$

式中，K 为电网波动系数，一般取 $K = 0.85 \sim 0.9$。

3. 电动机额定电压的选择

电动机额定电压与电网供电电压要一致，包括额定电压、相数和频率。在车间的低压供电系统，往往是三相 380 V，故中小型异步电动机的额定电压大都是 220/380 V（三角形/星形连接）。特别需要注意的是笼型异步电动机在采用星-三角形降压起动时，应该选用额定电压为 380 V、三角形接法的电动机。

4. 电动机额定转速的选择

电动机额定转速取决于负载的要求，对于额定功率相同的电动机，额定转速越高，体积就越小，造价就越低，效率也较高，功率因数也较高。如果生产机械要求的转速较低，就要选用转速低的电动机。若选用较高转速电动机时就要增加减速传动装置，这相应会增加传动损耗。因此，应综合考虑电动机和生产机械两方面的因素。

习　题

4.1　三相异步电动机在负载转矩不变的情况下运行时，如果电源电压突然降低，这时电动机的转速、转矩和电流如何变化？

4.2　如果将一台按 60 Hz 设计的三相异步电动机接入频率为 50 Hz 的交流电源上，且电源电压为电动机的额定电压，这会给电动机的运行带来什么影响？

4.3　一台三相四极异步电动机，接到频率为 50 Hz 的交流电源上，已知转子的转速为 1 350 r/min，试求转差率和转子电流的频率。

4.4　一台三相异步电动机，定子绕组接到频率 $f_1 = 50$ Hz 的三相对称电源上，已知它在额定转速 $n_N = 960$ r/min 下运行，试求：

（1）该电动机的磁极对数 P；

（2）额定转差率 s_N；

（3）以额定转速运行时，转子电动势的频率 f_2。

4.5　一台三相异步电动机，运行时输入功率为 60 kW，定子的铜损与铁损之和为 1 kW，转差率为 0.03，求这台电动机的电磁功率及总机械功率。

4.6　一台三相异步电动机的数据为：$P_N = 17$ kW，$U_N = 380$ V，定子绕组为三角形连接，四极，$f_1 = 50$ Hz，额定运行时 $s_N = 0.028$，$P_{Cu1} = 700$ W，$P_{Cu2} = 500$ W，$P_{Fe1} = 450$ W，P_{Fe2} 忽略不计，$P_0 = 250$ W，计算这台电动机额定运行时的：（1）额定转速 n_N；（2）负载转矩 T_2；（3）电磁转矩 T；（4）空载转矩 T_0；（5）输入电功率 P_{1N}。

4.7　下列三台三相异步电动机，如电源电压为 380 V，试分析哪一台电动机可以采用星形-三角形起动方法来起动电动机，三台电动机的铭牌标记分别为：（1）380 V，△接法；（2）660/380 V，星形/三角形接法；（3）380/220 V，星形/三角形接法。

4.8　某三相异步电动机的额定数据如下：$P_N = 5.5$ kW，$n_N = 960$ r/min，$\eta_N = 85.3\%$，$\cos\varphi_N = 0.78$，$I_{st}/I_N = 6.5$，$\lambda_m = 2$，$\lambda_{st} = 2$，$U_N = 380$ V，三角形接法，$f_1 = 50$ Hz。求：（1）磁极对数 P；（2）额定转差率 s_N；（3）额定转矩 T_N；（4）起动转矩 T_{st}；（5）额定电流 I_N；（6）起动电流 I_{st}。

4.9　三相异步电动机的负载越大，起动电流越大吗？若是空载，三相异步电动机都可以直接起动吗？

4.10　已知三相异步电动机的额定数据为：$P_N = 30\ kW$，$U_N = 380\ V$，△接法，磁极对数 $P = 2$，$f_1 = 50\ Hz$，$s_N = 0.02$，$\eta_N = 0.9$，$I_N = 56.8\ A$，$\lambda_{st} = 2$，$I_{st}/I_N = 7$，试求：（1）额定转矩 T_N；（2）电动机的功率因数 $\cos\varphi_N$；（3）用星形–三角形降压起动时的起动转矩和起动电流。

4.11　某笼型异步电动机，$n_N = 1\,450\ r/min$，$I_N = 20\ A$，$U_N = 380\ V$，△接法，$\cos\varphi_N = 0.87$，$\eta_N = 87.5\%$，$I_{st}/I_N = 7$，$\lambda_{st} = 1.4$，试求：（1）额定转矩 T_N；（2）如果用星形/三角形起动，起动电流为多少？能否半载起动$\left(T_2 = \dfrac{1}{2}T_N\right)$？

4.12　某一电动机铭牌数据为：$P_N = 2.8\ kW$，220/380 V，三角形/星形，$I_N = 6.3\ A$，$I_{st}/I_N = 5$，$n_N = 1\,370\ r/min$，$f_1 = 50\ Hz$，$\cos\varphi_N = 0.84$，$\lambda_{st} = 1.4$，电源电压为 220 V。试求：（1）额定转矩是多少？（2）电网电压降至多少伏以下，不能满载起动？（3）如用自耦变压器在半载下起动，其变比 k 等于多少？起动电流为多少？这时变压器副方电压是多少？

4.13　某三相、四极、定子绕组采用星形连接的异步电动机额定数据为：$P_N = 150\ kW$，$U_N = 380\ V$，$n_N = 1\,460\ r/min$，过载能力 $\lambda_m = 3.1$。试求：（1）额定转差率；（2）临界转差率；（3）额定转矩；（4）最大电磁转矩；（5）试采用实用公式并借助数学软件绘制该电动机的固有机械特性曲线。

4.14　三相异步电动机分别采用定子串阻、星形–三角形起动和自耦变压器降压起动时，其起动电流、起动转矩与直接起动相比有何变化？这三种起动方式各有什么特点？

第5章
其他类型电动机

在电动机的家族中除了三相异步电动机以外，还有其他类型的电动机广泛应用于各行各业，特别是一些特种电机相继出现，极大地满足了实际需要。这一章将介绍单相异步电动机、直线电动机、伺服电动机、步进电动机等的工作原理及应用。

学习本章，应能

- 掌握单相异步电动机的工作特点；
- 掌握步进电动机的拍数、步距角的概念及其控制方式；
- 了解其他电动机的工作特点和基本原理。

5.1 单相异步电动机

使用单相交流电源的异步电动机称为单相异步电动机。单相异步电动机的功率从几瓦到几百瓦，常用在家用电器、电动工具、医疗器械等方面，具有结构简单、成本低、使用方便（单相交流电源供电）等优点。

5.1.1 单相异步电动机的结构和特点

1. 单相异步电动机的结构

单相异步电动机也由定子和转子两大部分组成，它的转子是笼型结构，而定子有隐极式和凸极式两种结构。隐极式定子绕组均匀分布在定子铁芯槽内，与三相异步电动机定子绕组相似，如图 5.1.1（a）所示。凸极式定子绕组集中放置在定子铁芯的磁极上，定子铁芯做成凸极式，如图 5.1.1（b）所示。

（a）　　　　　　　　　　　　　　　　（b）

图 5.1.1 单相异步电动机的结构

2. 单相异步电动机的特点

由于单相异步电动机仅由单相交流电源供电，所以当单相交流电流 i 通过单相绕组时，其所产生的磁场不是一个旋转磁场，而是固定在空间随时间按正弦规律变化的脉振磁场，即它的大小随时间变化，而 N、S 极始终在一个轴线上，如图 5.1.2 所示。

图 5.1.2　脉振磁场

单相电机仅主绕组通入交流电流时，产生的磁动势可近似表示为

$$\mathscr{F} = \mathscr{F}_{max} \cos\theta_m \cos\omega t$$

通过三角函数公式，上式可分解为

$$\begin{cases} \mathscr{F}^+ = \dfrac{1}{2}\mathscr{F}_{max} \cos(\theta_m - \omega t) \\ \mathscr{F}^- = \dfrac{1}{2}\mathscr{F}_{max} \cos(\theta_m + \omega t) \end{cases} \tag{5.1.1}$$

式中，$\mathscr{F}^+$ 为正向旋转磁动势，产生正向旋转磁场 $\varPhi^+$，$\mathscr{F}^-$ 为逆向旋转磁动势，产生反向旋转磁场 $\varPhi^-$，由式（5.1.1）可见，两个旋转磁场 $\varPhi^+$ 和 $\varPhi^-$ 大小相等，旋转方向相反。设正转的旋转磁场 $\varPhi^+$ 所产生的电磁转矩为 T^+，反转的旋转磁场 $\varPhi^-$ 所产生的电磁转矩为 T^-。正转的旋转磁场的转速为 n_0，其转差率为 s^+，反转的旋转磁场的转速为 $-n_0$，其转差率为 s^-。

在刚接通电源的瞬间，转子还处于静止状态，此时，$s^+=s^-=1$，两个旋转磁场的旋转方向虽然相反，但其转速相等，因此在转子中产生的感应电势和感应电流相等，则两个旋转磁场产生的电磁转矩相等，即 $T^+=T^-$，但由于方向相反，其合成的电磁转矩 $T=T^++T^-=0$，电动机不能起动。如果在转子某一方向，施加一外力，如使 $T^+>T^-$，则合成的电磁转矩 $T=T^+-T^->0$，电动机会沿着正转的旋转磁场方向转动，而且可以一直继续旋转下去。这是为什么呢？因为正转的旋转磁场与转子间的转差率为

$$s^+ = \frac{n_0 - n}{n_0} < 1$$

虽然 s^+ 较小，转子中产生的感应电流也较小，但转子与定子共同作用合成的正转旋转磁场幅值仍然较大，故正转的转矩 T^+ 也较大。而反转旋转磁场与转子间的转差率为

$$s^- = \frac{-n_0 - n}{-n_0} = \frac{n_0 + n}{n_0} > 1$$

虽然 s^- 较大，转子中产生的感应电流也较大，但转子中的较大电流具有很强的去磁作用，所以转子与定子共同作用合成的反转旋转磁场幅值较小，所产生的反转转矩 T^- 也较小，最终

使 $T^+ > T^-$。所以 T^+ 与 T^- 之差便是维持电动机继续转动的合成电磁转矩 T。

3. 单相异步电动机的机械特性

T^+、T^- 及 T 的机械特性如图 5.1.3 所示。

单相异步电动机的机械特性 $n = f(T)$ 具有下列特点：

（1）当转速 $n = 0$ 时，$T^+ = T^-$，电磁转矩 $T = 0$，即无起动转矩，电动机不能起动。

（2）若转速 $n > 0$，$T^+ > T^-$，转矩 $T > 0$，电动机工作在第 I 象限，电动机正转；若 $n < 0$，$T^+ < T^-$，$T < 0$，电动机工作在第 III 象限，此时电动机反转。

由以上分析可知，只有一相绕组的单相异步电动机无起动转矩，但是单相异步电动机一经起动，$T^+ > T^-$（或 $T^- > T^+$），即使在单绕组的作用下，其合成电磁转矩就不再为 0，它能沿着某一个方向继续旋转下去。

图 5.1.3　单相异步电动机的机械特性

由三相异步电动机的旋转原理可知，为使单相异步电动机能自行起动，应在单相异步电动机起动时，设法建立起旋转磁场，使其产生起动转矩。建立旋转磁场的方法不同，就形成了不同类型的单相异步电动机。

5.1.2　分相式单相异步电动机

分相式单相异步电动机设置了两个绕组，一个是工作绕组或称主绕组，另一个是起动绕组或称辅助绕组。将两个绕组在空间相隔 90° 放置，并使通入两个绕组中的电流在相位上近于相差 90°，将单相交流电变为两相交流电，这就是分相原理。单相异步电动机通常用电容元件或电阻元件实现分相。

1. 电容分相式异步电动机

用电容元件分相的单相异步电动机称为电容分相式异步电动机，其线路如图 5.1.4（a）所示。起动绕组 F 与电容 C 串联后和工作绕组 Z 并接在同一电源上。选择合适的电容，使电动机起动绕组中的电流 i_F 超前于工作绕组中电流 i_Z 约 90°，即 $i_Z = I_{mz}\sin\omega t$，$i_F = I_{mF}\sin(\omega t + 90°)$，其波形如图 5.1.4（b）所示。

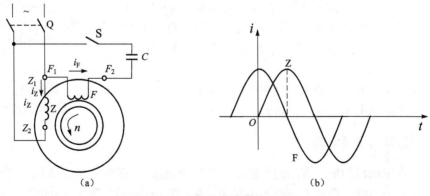

（a）　　　　　　　　　　　　　　　（b）

图 5.1.4　电容分相式异步电动机

在两相绕组中所产生的电流形成两极旋转磁场，如图 5.1.5 所示。可以看出，电流变化为

180°，转子在空间也转过 180°。在这个旋转磁场的作用下，电动机转子就能转动起来。当电动机转速接近额定转速时，靠离心力的作用将开关 S 断开，以切断起动绕组，只有工作绕组接入电源使电动机继续旋转。为了使工作性能更好，也有电动机运行时不切断起动绕组。电容分相式异步电动机功率因数较高，起动转矩也大，因此应用较广泛。

ωt=0°   ωt=90°   ωt=180°
（a）   （b）   （c）
图 5.1.5 两相绕组的旋转磁场

图 5.1.6 电阻分相式异步电动机

2. 电阻分相式异步电动机

电阻分相式异步电动机的线路如图 5.1.6 所示。工作绕组 Z_1Z_2 电感量大，电阻小，而起动绕组 F_1F_2 的电阻大而电感量小，因此两绕组中的电流相位差接近 90°，从而形成旋转磁场。接通电源后，就能使电动机转动起来。

当电动机转速接近额定转速时，通过开关 S 切断起动绕组，电机正常工作时只有工作绕组。电阻分相式异步电动机功率因数较低，但结构较简单，运行可靠。

3. 分相式异步电动机改变转向

要想改变分相式异步电动机的旋转方向，只需改变 i_Z 与 i_F 的相位关系即可。

电容分相式异步电动机改变转向的原理如图 5.1.7 所示，它是利用一个转换开关 S 来实现的。当开关 S 在位置 1 时，电容 C 与 Z 绕组串联，两个绕组中的电流分别为 $i_F = I_{mz}\sin\omega t$，$i_Z = I_{mF}\sin(\omega t + 90°)$；当开关 S 在位置 2 时，电容 C 与 F 绕组串联，两个绕组中的电流分别为 $i_Z = I_{mz}\sin\omega t$，$i_F = I_{mF}\sin(\omega t + 90°)$。改变了电流的相位关系，即改变了两相电流产生的合成旋转磁场的转向，从而改变了单相异步电动机的旋转方向。

对于电阻分相式异步电动机，要想改变其旋转方向，也只需将起动绕组连接到电源的两端，对调一下即可。

**图 5.1.7 电容分相式异步电动机
改变转向的原理**

5.1.3 罩极式异步电动机

罩极式异步电动机的定子有凸起的磁极，在每个磁极上有集中绕组，即工作绕组。在磁极的极靴上开一个小槽，再放入一个短路铜环（又称罩极绕组），罩住部分磁极，如图 5.1.8（a）所示，称为罩极式异步电动机。

工作原理：当单相交流电通过工作绕组时，定子磁极中产生脉振磁场，一部分磁通 $\dot\Phi_1$ 穿过磁极未罩部分，另一部分磁通 $\dot\Phi_2$ 穿过短路环，并在短路环中产生感应电动势和感应电流，这个感应电流所产生的磁通为 $\dot\Phi_k$。这样通过短路环的总磁通是 $\dot\Phi_k$ 与 $\dot\Phi_2$ 的相量和，即 $\dot\Phi_2'$，如图 5.1.8（b）所示。$\dot\Phi_2'$ 与 $\dot\Phi_1$ 在相位上相差一个 φ 角［图 5.1.8（c）］，因此在罩极式电动机中形成的也是一个旋转磁场。虽然交流电的相位会不断改变，但 $\dot\Phi_1$ 的相位永远超前 $\dot\Phi_2'$ 的相位。这使转子旋转的方向总是从超前绕组的轴线转向滞后绕组的轴线，即电动机的转向总是从磁极的未罩部分转向被罩部分，若要改变它的旋转方向，只能改变罩极的位置。显然罩极式异步电动机一旦被制成后是不能改变其旋转方向的。

这种电动机起动转矩较小，但结构简单、制造方便，常用于小型风扇及吹风机。

图 5.1.8　罩极式异步电动机

5.1.4　单相异步电动机的应用

单相异步电动机只需要单相电源供电，而且结构简单，成本低，运行可靠，所以被广泛应用在日常生活中。

1. 在电冰箱中的应用

电冰箱的压缩机电动机常采用电容式分相异步电动机和电阻式分相异步电动机。图 5.1.9 所示是一种单门电冰箱典型电路，采用电容式分相异步电动机。该电路中电动机的 F 绕组是起动绕组，Z 绕组是工作绕组、有起动电容、起动继电器、温控器、过温升保护装置及箱内照明等。

图 5.1.9　电冰箱控制电路

工作原理：将电冰箱接通电源后，当电冰箱室内温度升高，超过温控器设定的上限温度时，温控器自动闭合，接通电路。电动机的工作绕组通电，由于电动机的起动电流很大，是正常工作电流的 5～7 倍，这使通电后的起动继电器接点闭合，接通起动绕组 F，从而在电动机内形成旋转磁场，使电动机开始转动，并带动压缩机工作。几秒后，电动机转速接近额定值，工作电流也达到额定值，起动继电器线圈的电流不足以使接点闭合，其接点断开，起动绕组停止工作。只有工作绕组通电，使电动机继续运转，压缩机制冷循环，直到温度降到温控器设定的下限温度，温控器断开，电动机停转，停止制冷。

在制冷过程中，如果工作电流过大或压缩机发热不正常，过温升保护继电器动作，断开电路，保护电动机。

2. 在洗衣机中的应用

图 5.1.10 所示为套缸洗衣机控制电路，它仅有一台电动机，既作为洗涤用又作为脱水用。电动机是可以实现正、反转的电容分相式单相异步电动机。有两组开关，其中 S_1 是洗涤、脱水开关，S_2 是正反转控制开关。当 S_1 在洗涤位置时，220 V 电源经 S_2 加到电机上，由 S_2 来切换电动机的正反转。当 S_1 在脱水位置时，220 V 电源经 S_1 直接加到电机上，使电机只能在一个方向旋转，进行脱水。

3. 在电风扇中的应用

图 5.1.11 所示为电风扇控制电路。电动机是电容分相式单相异步电动机，Z 为工作绕组，F 为起动绕组兼调速绕组，C 为起动电容，S 为转速切换开关。当 S 在高速挡时，输入电压全部加在工作绕组 Z 上，此时电机转速最高。当 S 在中速挡时，F_3 绕组与 Z 绕组串联，使工作绕组 Z 两端的电压减小，电机转速下降。当 S 在低速挡时，F_2 绕组、F_3 绕组与 Z 绕组串联，使工作绕组 Z 两端的电压进一步减小，电机转速最低。

图 5.1.10　洗衣机控制电路　　　　图 5.1.11　电风扇控制电路

5.2　直线异步电动机

5.2.1　直线电动机概述

直线电动机的历史最早可以追溯到 1840 年，从惠斯登提出和制造略具雏形但不成功的直线电机，至今已有 170 多年的历史。直线电动机经历了探索实验阶段（1840—1955 年）、开发应用阶段（1956—1970 年）、实用商品阶段（1971 年至今）。我国直线电机的研究应用是从 20 世纪 70 年代初开始的，虽然起步较晚，但已取得了许多成果。

前面讲到的电动机都是旋转电动机，而在工程及生产实践中很多运动都是直线运动，如行驶的火车、高层建筑的电梯升降等都是直线运动。目前它们绝大多数都是采用旋转电动机通过中间转换装置，如链条、皮带或丝杠等机构转换为直线运动。由于这些装置的存在，整机存在体积大、效率低、精度差等问题。若采用直线电机来驱动一些直线运动装置，就可以不需要中间转换机构，从而使整个装置简单、运行可靠、控制更方便。

目前采用直线电动机构成的直线驱动装置已获得广泛应用，如磁悬浮列车、各种输送线、物料输送系统、冲压机、车床进刀机构、工作台运动、自动门、导弹鱼雷等。

直线电机和旋转电机相比有如下优点：

（1）采用直线电机驱动的传动装置可直接产生直线驱动力，而不要任何中间的转换装置。

（2）直线电机运行时，它的零部件和传动装置不像旋转电机那样会受到离心力的作用而使速度受到限制。

（3）直线电机通过电能直接产生直线电磁推力，其运动可以无机械接触，这大大减少了机械损耗，而且噪音极小。

（4）直线电机结构简单，散热效果较好，可以用在一些特殊场合，如潮湿、高温、有毒气体中。

（5）其可以提供很宽的速度范围，从每秒几微米到数米。

直线电机也存在着不足：

（1）与同容量旋转电机相比，直线电机的效率和功率因数较低，其原因之一是电机的初、次级空气隙通常大于旋转电机，因此所需激磁电流较大，从而增加了损耗；原因之二是直线电机磁路是断开的，其产生的边端效应导致损耗增加。但若从整个系统来考虑，由于没有了中间传动装置，系统的效率有时会高于旋转电机组成的驱动系统。

（2）直线电机的起动推力受电压的影响较大，故对电源的要求较高，通常要采用相关措施来保证电源的稳定。

通过以上分析，可了解直线电机与旋转电机驱动的利弊，在实际中选用什么样的驱动装置要根据所驱动的负载综合考虑。通常直线电动机适宜于高速的水平或垂直运输的推进装置。

5.2.2　直线异步电动机的基本结构

直线异步电动机可以认为是旋转异步电动机在结构上的一种演变，它可看作是将一台旋转异步电动机沿径向剖开，然后将电机的圆周展开成直线，这就成了图 5.2.1 所示的直线异步电动机。

图 5.2.1　从旋转电动机到直线电动机的演化

由定子演变而来的一侧称为直线异步电动机的初级，由转子演变而来的一侧称为次级或动子。显然直线异步电动机与旋转异步电动机的结构类似，其定子由硅钢片叠压而成的定子铁芯和三相对称绕组组成，三相绕组放置在铁芯槽内。次级有两种形式，一种是笼型结构，另一种类似交流伺服电动机杯型转子的结构（见5.4.1"伺服电动机"）。

这种由旋转电动机演变而来的直线电动机，实际上是不能正常运行的，因为它的初级和次级长度是相等的，在运行时，初、次级之间要作相对运动。如果运动开始时，初级与次级之间是对齐的，那么运动开始后，初级与次级之间相互耦合的部分会越来越少，而不能保持正常运行。为了在它的行程范围内初级与次级之间的耦合能保持不变，常将初级与次级做成不同的长度，既可以做成初级短，次级长，也可以做成初级长，次级短。考虑到制作成本，一般采用短初级，长次级的形式，如图5.2.2所示。

这种只有一个边的初级结构形式的直线电动机，称为单边直线电动机。这种直线电动机还存在一个缺陷，即在初级与次级之间存在一个很大的法向磁吸力，这个法向磁吸力为推力的10倍左右。人们通常是不希望这种吸力存在的，因为它阻碍着电机的运动。其解决的方法是在次级的两边都装上初级，以产生两个方向相反的吸力，从而使它们相互抵消。这种形式的电机称为双边型直线电动机，如图5.2.3所示。

图 5.2.2　直线电动机的初、次级结构　　　　图 5.2.3　双边型直线电动机

这种结构的电动机又称为扁平型直线电动机，是目前直线电动机中应用最为广泛的一种。除了扁平型直线电动机的结构型式外，还有圆筒型、圆弧型和圆盘型结构，它们的运行原理是相似的。

直线电动机按工作原理可分为直线直流电动机、直线同步电动机、直线步进电动机，直线异步电动机（又称直线感应电动机）、直线压电电动机及直线磁阻电动机。

5.2.3　直线异步电动机的工作原理

直线异步电动机的工作原理与旋转异步电动机相似，也遵循电机学的一些基本规律，下面介绍其工作原理。

图5.2.4所示的直线电动机在三相绕组中通入三相对称正弦交流电后，在空气隙中产生磁场，与旋转电机分布相似。如果不考虑铁芯两端断开而引起的端部效应，这个空气隙磁场沿展开的直线方向呈正弦形分布。当三相电流随时间变化时，气隙磁场按A、B、C相序沿直线移动。这个原理与旋转电机相似，但这个磁场是平移而不是旋转，因此称为行波磁场。行波磁场的移动速度与旋转磁场在定子内圆表面上的线速度是一样的，称为同步速度，并用 v_0（m/s）表示，其表达式为

$$v_0 = \frac{n_0}{60} 2P\tau = \frac{60f}{P} \times \frac{2P\tau}{60} = 2f\tau \tag{5.2.1}$$

式中，τ 为极距（m），f 为电源频率。

现在分析行波磁场对次级的作用。图5.2.4（b）中仅画出其中一根次级导体，次级导体在行波磁场的切割下，将产生感应电动势和感应电流，与气隙磁场相互作用便产生电磁推力

F。在这个电磁推力的作用下，由于初级是固定不动的，那么次级就顺着行波磁场运动的方向作直线运动，次级移动的速度为 v。实际上，直线异步电动机的次级通常采用整块金属板或复合金属板，在分析时可把它看成是很多导条并列放置。这时产生的推力是由这些并联导条中的电流共同产生的。

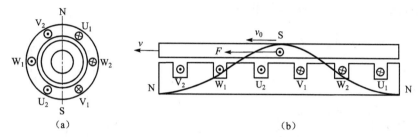

图 5.2.4   直线电动机的工作原理

（a）旋转电动机的基本工作原理；（b）直线电动机的基本工作原理

由交流异步电动机电磁转矩公式可得到直线异步电动机的电磁推力为

$$F = C_F \Phi I_2 \cos\varphi_2 \qquad (5.2.2)$$

式中，C_F 为与电动机结构有关的常数；Φ 为每极磁通；I_2 为次级中的电流；φ_2 为次级功率因数角。

通过以上分析可以看出若改变三相绕组的相序，行波磁场的方向也随之改变（这与三相异步电动机的旋转磁场相似），因而改变了直线电动机的运动方向，根据这一原理可使直线电动机作往复直线运动。

作直线运动的动子速度 v 始终低于同步速度 v_0，其转差率 s 为

$$s = \frac{v_0 - v}{v_0} \qquad (5.2.3)$$

次级速度可表示为

$$v = (1-s)v_0 \qquad (5.2.4)$$

在电动机运行状态下，s 在 0 与 1 之间。

5.2.4   直线电动机的型号及主要参数

直线电动机的型号由名称代号、规格代号等组成，如：

直线电动机的主要参数如下：

（1）额定电压：直线电动机初级绕组上应加的线电压。

（2）额定推力：在转差率为 1 时，推力分别为 10 N、20 N、30 N、50 N、100 N、200 N、

300 N、500 N、750 N、1 000 N、1 500 N 等。

（3）额定同步速度：通常为 3 m/s、4 m/s、5 m/s、6 m/s、9 m/s、12 m/s。

（4）定子绕组接法：通常采用星形连接，双边型初级绕组之间可以是并联连接也可以是串联连接，如图 5.2.5 所示。当双边型直线电机的初级并联连接时，每边绕组的电流为总电流的 1/2，每边绕组的端电压与电源电压相等。

（a）　　　　　　　　　　　　（b）

图 5.2.5　双边型直线电机双边初级之间的连接

（a）并联连接；（b）串联连接

当双边型直线电动机的初级绕组串联连接时，每边绕组的端电压是电源总电压的 1/2。

5.2.5　直线异步电动机推力的基本特性

1. 推力–速度特性

直线异步电动机的推力–速度特性，即 $F = f(v)$，如图 5.2.6 中曲线 b 所示。可以看出，直线异步电动机的最大推力在 $s = 1$ 处，速度越高，推力越小，为了便于分析问题，它的推力–速度特性也可近似成一直线，如曲线 a。它的近似推力公式为

$$F = (F_{st} - F_u)\left(1 - \frac{v}{v_f}\right) \tag{5.2.5}$$

图 5.2.6　推力–速度特性

式中，F_{st} 为起动推力（N）；F_u 为摩擦力（N）；v_f 为空载速度（m/s）。

2. 推力–功率特性

图 5.2.7 表示了推力随着输入功率的增加而增大的线性关系。直线电动机的输出功率为 $P = Fv$，而输入功率 $P_1 = \sqrt{3}U_1 I_1 \cos\varphi$，其中 U_1、I_1 分别表示定子的线电压和定子的线电流，若直线电动机的效率为 η，则输出机械功率 $P = \eta P_1 = \eta\sqrt{3}U_1 I_1 \cos\varphi$。

图 5.2.7　推力–功率特性

5.2.6　直线电动机的应用

直线电动机的应用已非常广泛，举一个人们熟悉的例子，用直线电动机驱动的电动门，其结构示意如图 5.2.8 所示。图中直线电动机的初级安装在大门门楣上，次级安装在大门上。当直线电机的初级通电后，初级和次级之间由于空气隙磁场的作用，将产生一个平移的推力

F，该推力可将大门向前推进（开门）或将大门拉回（关门）。

采用直线电动机驱动的大门没有旋转变换装置，这使其结构简单、整机效率高、成本低、使用方便。

图 5.2.8　由直线电动机驱动的大门

5.3　永磁直流电动机

5.3.1　永磁直流电动机的结构

永磁直流电动机也是由定子、转子（又称电枢）两部分组成的，定子是用永久磁铁做成的磁极，转子是由电枢铁芯、电枢绕组和换向器等组成，如图 5.3.1 所示。

电枢铁芯开有槽孔，用于放置电枢绕组。换向器是由彼此绝缘的铜片构成的，每一铜片均与电枢绕组相连，在换向器的表面用弹簧压着固定的电刷，使转动的电枢绕组与直流电源相接，从而有直流电输入到电枢绕组中，以产生电磁转矩。

图 5.3.1　永磁直流电动机的结构示意

5.3.2　永磁直流电动机的工作原理

图 5.3.2 所示是永磁直流电动机的工作原理示意，在电刷 A，B 间加入直流电压 *U*，它与电枢绕组形成闭合回路。在电枢绕组中有电流 *I* 流过，根据左手定则可判断出导体的受力方向。在 N 极下导体的受力 *F* 向左，在 S 极下导体的受力 *F* 向右，形成了一个逆时针方向转动的电磁转矩，驱动电机转子逆时针方向转动。当导体 *ab* 和 *cd* 变换了位置后，由于换向器的作用，作用在电枢上的电磁转矩方向不变，电动机的旋转方向不变。在电磁转矩的作用下，电动机带动轴上的机械负载旋转。电磁转矩的表达式为

图 5.3.2　永磁直流电动机的工作原理示意

$$T = C_T \Phi I \qquad (5.3.1)$$

式中，C_T 是电机结构参数，Φ 为磁极下的磁通，I 为电枢绕组电流。由式（5.3.1）可以看出若改变磁场方向或电流方向，就会改变电动机转矩的方向，也就改变了电动机的旋转方向。电

动机电枢回路的电压方程式为

$$U = E_a + R_a I \tag{5.3.2}$$

式中，R_a 是电枢电阻，E_a 是电枢绕组切割磁场所产生的感应电动势，其表达式为

$$E_a = C_e \Phi n \tag{5.3.3}$$

式中，C_e 是与电机结构有关的常数，n 为电机转速。将式（5.3.1）和式（5.3.3）代入式（5.3.2）中，得

$$n = \frac{U}{C_e \Phi} - \frac{R_a}{C_e C_T \Phi^2} T = n_0 - \Delta n \tag{5.3.4}$$

图 5.3.3 永磁电动机的机械特性

式中 $n_0 = \dfrac{U}{C_e \Phi}$ 称为理想空载转速；$\Delta n = \dfrac{R_a}{C_e C_T \Phi^2} T$ 称为转速降。式（5.3.4）表示了电动机转速 n 与电磁转矩 T 之间的关系，即 $n = f(T)$，称为机械特性，如图 5.3.3 所示。

显然改变电压 U 的大小，就可以改变永磁直流电动机的转速。永磁电动机具有良好的调速特性，而且结构简单、体积小、效率高，在计算机外围设备、录像机、轿车上有广泛应用。

5.4 控制电机

用于信号检测、变换和传递的小功率电机称为控制电机。它们的功率较小，一般在 750 W 以下。它们的体积也较小，机壳外径一般不大于 160 mm。普通电机是作为动力使用的，主要任务是能量转换，而控制电机能量转换是次要的。对控制电机的基本要求是：可靠性高、精度高、响应速度快。常用的控制电机有伺服电动机、步进电动机、测速发电机等。本节将重点分析其工作原理，简介其基本结构和用途。

5.4.1 伺服电动机

伺服电动机把输入的电压信号转换成角位移或角速度输出，改变输入电压信号的大小或极性（相位）。可以改变伺服电动机的转速及转向。

对伺服电动机的基本要求是：调速范围宽，运行特性接近线性，无自转现象（控制电压消失，伺服电动机能立即停止转动），能快速响应。

伺服电动机又有直流和交流之分，直流伺服电动机的输出功率大一些，一般可达几百瓦；交流伺服电动机的输出功率较小，一般为几十瓦。

1. 直流伺服电动机

直流伺服电动机是一种微型的直流电动机，也由定子和转子两部分组成。定子的磁极分为永磁式和电磁式，永磁式的磁极是永久磁铁；电磁式的磁极是电磁铁，即由铁芯和绕组构成。直流伺服电动机的转子与普通的直流电动机的不同之处在于：直流伺服电动机的转子重量较轻，转动惯量小，因此具有很好的快速响应特性。直流伺服电动机的工作原理类似直流电动机。

它通常采用电枢控制方式，即保证磁通 Φ 不变，通过改变电枢电压来控制直流伺服电动

机的运行状态。电枢控制的直流伺服电动机的机械特性表达式为

$$n = \frac{U}{C_e \Phi} - \frac{R_a}{C_e C_T \Phi^2} T \qquad (5.4.1)$$

式中，U 是加在电枢绕组的电压，当 U 大小不同时，机械特性为一组平行直线，如图 5.4.1 所示。可以看出当负载转矩一定时，增加控制电压 U，转速 n 也随之增加，控制电压与转速之间成正比关系。在同一转速下，不同的转矩需要不同的控制电压。对于某一转矩只有当控制电压大于某一值时，电动机才能转动起来，这一电压称为始动电压。负载转矩不同，始动电压也不同，负载转矩越大，所需始动电压也越大。

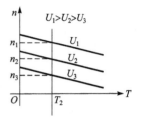

图 5.4.1　直流伺服电动机的机械特性

直流伺服电动机具有线性的机械特性，起动转矩大，可在很大的范围内平滑调速，其体积小，重量轻。其缺点是：工作可靠性差，寿命短，低速运转不平稳。

2. 交流伺服电动机

1）交流伺服电动机的结构

交流伺服电动机是两相异步电动机，定子有两相绕组，一相为励磁绕组 f，另一相为控制绕组 k，它们在空间相距 90°，如图 5.4.2 所示。交流伺服电动机的转子有笼型转子和杯型转子两种。笼型转子结构同普通笼型异步电动机，只是转子细而长，并采用高电阻率的导电材料作导条，以获得较小的转动惯量和较大的电阻。

杯型转子伺服电动机有两个定子，即外定子和内定子。外定子铁芯槽中放置空间相距 90° 的两相均匀分布绕组；内定子铁芯由硅钢片叠成，不放绕组，仅作为磁路的一部分。由铝合金制成的空心杯转子置于内、外定子铁芯之间的空气隙中，并与转轴固定，图 5.4.3 所示为其横剖面图。电动机工作时，杯型转子内产生感应电流，并与磁场作用产生电磁转矩，这使杯型转子在内外定子间旋转，从而带动转轴转动。采用这种杯型转子结构的目的也是获得较大的电阻和较小的转动惯量。

图 5.4.2　交流伺服电动机的原理

图 5.4.3　杯形转子

2）交流伺服电动机的工作原理

交流伺服电动机的工作原理与单相异步电动机相似。它有两个绕组，分别是励磁绕组和控制绕组。当只有励磁绕组接入电源时，控制绕组的控制电压为零，电动机中的磁场为脉振磁场，电动机无起动转矩，转子不能转动。当将控制绕组也接入电源，即加上控制电压时，则建立了旋转磁场，这时电动机有了起动转矩，转子也就转动起来了。

一旦控制电压消失，电动机应能立即停转。对于普通的单相异步电动机来说，它还会继续转动［见图 5.4.4（a）］，伺服电动机出现的这种现象称为"自转"。这种现象是不符合伺服电动机可控性要求的，因此为了克服伺服电动机的"自转"现象，在结构制造上采取了大的

转子电阻和小的转动惯量。这样在控制电压消失后，较大的转子电阻使临界转差率 $s_m = 1$，这时电动机产生的转矩与原驱动转矩方向相反，即为制动转矩，使转子能迅速停转，这时的机械特性如图 5.4.4（b）所示。同时较小的转动惯量也有利于克服自转现象。

图 5.4.4　交流伺服电动机的机械特性

（a）单相异步电动机的机械特性；　（b）伺服电动机在控制电压消失后的机械特性

3）交流伺服电动机的控制方法

伺服电动机不仅要有起动、停止迅速的伺服性，而且还能控制其转速的大小和方向。通常，在交流伺服电动机运行时，保持励磁绕组所接电压的大小和相位不变，而只改变控制绕组所加电压的大小和相位，以实现对交流伺服电动机的转速与转向的控制。其主要有以下三种控制方法：

（1）幅值控制：控制绕组电压和励磁绕组电压之间的相位差保持不变，改变加在控制绕组上电压幅值的大小。

（2）相位控制：保持控制电压的幅值不变，仅改变其相位。

（3）幅–相控制：同时改变控制电压的幅值和相位。

在三种控制方法中，幅值控制和相位控制方法都需要较复杂的装置，而幅值–相位控制方法所需设备简单，成本较低，因而是最常用的一种控制方法。

由伺服电动机组成的伺服系统常应用于位置随动系统中，如数控机床的定位控制及加工轨迹控制、火炮的瞄准、雷达天线的跟踪等。图 5.4.5 所示是位置随动系统原理框图。位置随动系统是一个位置反馈系统，通过位置指令装置将希望的位移量转换成给定电信号，利用位置反馈装置随时检测出被控对象（负载）的实际位置，并将其转换成电信号与给定信号进行比较。将比较出来的偏差信号送到保证系统稳定并具有满意动态品质的位置调节器，然后经功率放大来控制伺服电动机向消除偏差的方向旋转，直至达到一定精度为止。

图 5.4.5　位置随动控制系统原理框图

交流伺服电动机的机械特性较软，运行平稳，噪声小，但损耗较大，效率低，适合用于小功率控制系统中。

伺服电动机的主要技术参数之一是空载始动电压 U_{K0}。空载始动电压是指在额定励磁电压和空载条件下，使转子在任何位置开始连续转动所需的最大控制电压。通常用额定控制电压的百分比来表示，一般空载始动电压要求不大于额定控制电压的 3%～4%。空载始动电压越小，表示伺服电动机的灵敏度越高。

5.4.2　步进电动机

步进电动机可将输入的电脉冲信号转换成直线位移或角位移，即每输入一个电脉冲，步进电动机就转动一个角度或前进一步。显然步进电动机的位移与输入电脉冲的数目成正比，它的速度与电脉冲频率成正比。

步进电动机可以通过改变输入脉冲信号的频率来进行调速，而且具有快速起动和制动的优点，被广泛应用于数控机床、绘图机和自动记录仪表等方面。

步进电动机的种类很多。从结构上分，有反应式、永磁式、永磁反应式；按相数分，有两相、三相及多相。本书仅介绍反应式步进电动机。

1. 步进电动机的基本结构和工作原理

三相反应式步进电动机的原理结构如图 5.4.6（a）所示。定子和转子都用硅钢片叠成。定子上有三对磁极，每对磁极上绕有一个绕组，分别为 A–A′、B–B′、C–C′，三对磁极有三个绕组，称为三相绕组，将绕组数称为步进电动机的相数。图中转子有四个极，又称四个齿，其上无绕组，本身也无磁性。工作时，电脉冲信号按一定顺序加到定子三相绕组 A–A′、B–B′、C–C′上，如图 5.4.6（b）所示。

图 5.4.6　步进电动机

（a）步进电动机的原理结构；（b）步进电动机的通电顺序

按其通电方式不同，步进电动机有以下三种运行方式。

1）三相单三拍运行方式

"三相"是指步进电动机定子有三相绕组，"单"是指每次只有一相绕组通电。"三拍"是指通电三次完成一个通电循环，即定子绕组按 A–B–C–A 的顺序通电（或 A–C–B–A 的顺序）。三相定子电压 $u_{AA'}$、$u_{BB'}$、$u_{CC'}$ 的电压波形如图 5.4.6（b）所示。

当 A 相绕组通电，电机内建立起以 A–A′为轴线的磁场，在磁场中转子受力。磁通的路径不同，转子受力的大小与方向也不一样。由于磁通要走磁阻最小的路径，所以转子总是力图转到磁阻最小的位置，这将使转子的 1、3 齿与 A–A′的轴线对齐，如图 5.4.7（a）所示。这种由于磁阻不对称而使转子在磁场中受到的转矩，称为反应转矩，由于反应转矩的作用而使转子转动。

B 相绕组通电所形成的磁场如图 5.4.7（b）所示，电机内建立起以 B–B′为轴线的磁场，转子的 2、4 齿与 B–B′的轴线对齐。在反应转矩的作用下，转子顺时针方向转过 30°。

C 相绕组通电所形成的磁场如图 5.4.7（c）所示，电机内建立起以 C–C′为轴线的磁场。转子的 1、3 齿与 C–C′的轴线对齐，这时转子顺时针方向转过 60°。通电换接三 3 次，使定子磁场旋转一周，而转子仅转过 90°。以后重复上述通电过程，转子将每次以 30° 的角度顺时针方向旋转。若改变三相绕组的通电顺序，即按 A–C–B–A 的顺序通电，转子就会逆时针方向旋转。

图 5.4.7　三相单三拍运行方式

2）三相双三拍运行方式

这种运行方式是每次有两相绕组通电，通电换接三次，完成一个循环，故称为"双三拍"。通电顺序为 AB–BC–CA–AB，图 5.4.8 表示了三相双三拍运行方式时转子的旋转情况。在图 5.4.8（a）中 A、B 相绕组通电，在图 5.4.8（b）中 B、C 相绕组通电，在图 5.4.8（c）中 C、A 相绕组通电，每次通电转子转过的角度也是 30°。

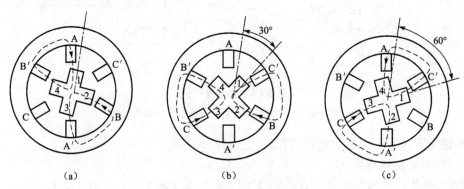

图 5.4.8　三相双三拍运行方式

3）三相六拍运行方式

以这种方式运行的定子绕组的通电顺序为 A–AB–B–BC–C–CA–A。其中有单相绕组通电也有两相绕组通电，如图 5.4.9 所示，需通电换接六次完成一个循环。图 5.4.9（a）所示是 A 相绕组通电，图 5.4.9（b）所示是 A、B 相绕组通电，图 5.4.9（c）所示是 B 相绕组通电，图 5.4.9（d）所示是 B、C 相绕组通电，每次通电转子转过的角度是 15°。

(a)　　　　　　　(b)　　　　　　　(c)　　　　　　　(d)

图 5.4.9　三相六拍运行方式

2. 步进电动机的步距角和转速

每输入一个脉冲，转子转过的角度称为步距角，用 θ 表示。由以上分析可知步距角 θ 的大小与转子的齿数 Z 及通电循环的拍数 N 有关，它们的关系为

$$\theta = \frac{360°}{ZN} \tag{5.4.2}$$

转子每转过一个步距角相当于转了 $\frac{1}{ZN}$ 圈，若脉冲频率为 f，则转子每秒钟就转了 $\frac{f}{ZN}$ 圈，所以转子的转速为

$$n = \frac{60f}{ZN}(\text{r/min}) \tag{5.4.3}$$

3. 小步距角三相反应式步进电动机

以上介绍的步进电动机的步距角太大，不能在实际中使用，这就要减小步距角。通常小步距角的步进电动机是通过增加转子齿数实现的。在转子齿数增加的同时，定子每个极上也要相应地开几个齿，如图 5.4.10 所示。

图 5.4.10　小步距角步进电机

若 $Z=40$，$f=1\,000\,\text{Hz}$，采用单三拍或双三拍方式运行时，

步距角：$\theta = \dfrac{360°}{ZN} = \dfrac{360°}{40 \times 3} = 3°$

转速：$n = \dfrac{60f}{ZN} = \dfrac{60 \times 1\,000}{40 \times 3} = 500$（r/min）

若采用六拍运行时，

步距角：$\theta = \dfrac{360°}{40 \times 6} = 1.5°$

转速：$n = \dfrac{60f}{ZN} = \dfrac{60 \times 1\,000}{40 \times 6} = 250$（r/min）

4. 步进电动机的驱动电源

步进电动机能正常起动和运行，必须要有足够的功率和一定频率的脉冲信号，并按照一定的通电顺序提供给步进电动机的驱动电源。步进电动机驱动电源的组成如图 5.4.11 所示，其主要由环形分配器和功率放大器两部分组成。

图 5.4.11　步进电动机驱动电源的组成

环形分配器接收脉冲信号和方向指令，并按步进电动机的通电顺序，向功率放大器分配输出信号。功率放大器直接与步进电动机各相绕组相连，功率放大器将接收到的脉冲信号放大后，加到步进电动机的定子绕组，从而控制步进电动机转动。改变脉冲信号的频率就改变了步进电动机的转速。

环形分配器接收的方向指令，决定了步进电动机三相定子绕组的通电顺序，从而决定了步进电动机的转向。

5. 步进电动机的主要技术参数

（1）相数：定子绕组的数目。

（2）额定电压：定子绕组通电时，每相定子绕组上的直流电压值。

（3）静态电流：静态时供给电动机定子每相绕组的最大电流。

（4）最大静转矩：一相绕组通电时转矩的最大值，最大转矩 $T_{\max}$ 与负载转矩 T_2 的关系为

$$T_{\max} = \frac{T_2}{0.3 \sim 0.5}$$

（5）分配方式：步进电动机的通电运行方式。

（6）步距角：每输入一个脉冲时，转子转过的机械角度。

（7）步矩角误差：空载时实际步距角与理论步矩角之差，其是步进电动机的重要精度指标。

6. 步进电动机的特点和应用

步进电动机具有以下一些特性：

（1）抗干扰性强。步进电动机的转速直接受脉冲频率的影响，不会受电源的波动、负载的变化及温度等外部条件的影响。

（2）控制性好。在一定频率范围内，步进电动机能按输入脉冲信号的要求起动、运行、反转和停止，能在比较宽的范围内通过改变脉冲频率进行调速。

（3）无误差积累。转子每转一圈后，累积误差等于零。

（4）精度高。步进电动机不用负反馈就能实现高精度的角度和转速控制，特别适用于开环控制系统，从而降低了成本。但在定位精度要求很高时，也可采用闭环控制来提高精度。

步进电动机已成为很多数控系统中的主要执行元件，图 5.4.12 所示为数控机床控制系统示意。机床工作时，数控装置按照运行程序的数据和指令，经过运算发出脉冲信号，驱动电源将脉冲信号放大，并以一定方式提供给步进电动机，从而带动丝杠系统，使工作台以一定的速度移动，完成加工任务。

图 5.4.12　数控机床控制系统示意

5.4.3　测速发电机

测速发电机是测量转速的电机，它把输入转速转换为电压信号输出，且输出电压与转速成正比。测速发电机主要用于速度和位置控制系统。

测速发电机有直流和交流两大类。直流测速发电机有永磁式直流测速发电机和电磁式直流测速发电机。交流测速发电机又分同步测速发电机和异步测速发电机。对测速发电机的要求为：输出特性是线性的，转动惯量要小，灵敏度要高。

1. 交流异步测速发电机

应用最为广泛的是空心杯转子交流异步测速发电机，它的结构和杯型转子伺服电动机没什么差别，也由外定子、空心杯转子和内定子三部分组成。外定子上放置励磁绕组 W_1 和输出绕组 W_2，励磁绕组接单相交流电源，输出绕组输出交流电压，两个绕组在空间中是相互垂直的，其原理如图 5.4.13 所示。

在分析交流异步测速发电机的工作原理时，可将杯型转子看成由无数条并联的导体组成，和笼型转子相似。

在测速发电机静止不动时，励磁电压为 $\dot{U}_1$，在励磁绕组轴线方向上产生一个交变脉振磁通 $\dot{\Phi}_1$。这个脉振磁通与输出绕组的轴线垂直，两者之间无匝链，无互感，故输出绕组中并无感应电动势产生，输出电压为零。

当测速发电机由转动轴驱动而以转速 n 旋转时，由于转子切割 $\dot{\Phi}_1$ 而在转子中产生感应电动势 $\dot{E}_r$ 和感应电流 $\dot{I}_r$，如图 5.4.13（b）所示。E_r 和 I_r 与磁通 Φ_1 及转速 n 成正比，即 $E_r \propto \Phi_1 n$，$I_r \propto \Phi_1 n$。转子电流产生的磁通 Φ_r 也与 I_r 也成正比，即 $\Phi_r \propto I_r$，Φ_r 与输出绕组的轴线一致，因而在输出绕组中产生感应电动势，有电压 $\dot{U}_2$ 输出，且 U_2 与 Φ_r 成正比，即 $U_2 \propto \Phi_r$，由上述关系得 $U_2 \propto \Phi_1 n$。如果转子的转向相反，输出电压的相位也相反，这样就可以从输出电压 $\dot{U}_2$ 的大小及相位来测量带动测速发电机转动的原电机的转向及转速。

图 5.4.13　交流测速发电机的原理

图 5.4.14　异步测速发电机
输出特性

测速发电机的重要特性是输出特性。它是指测速发电机输出电压与转速之间的关系曲线，即 $U_2 = f(n)$，如图 5.4.14 所示。输出特性在理想情况下为直线，实际上输出特性并不呈现平稳的线性，如 Φ_1 的变化就将破坏输出电压 U_2 与转速之间的线性关系，还有一些因素在此不详细介绍。

2. 永磁式直流测速发电机

永磁式直流测速发电机的定子是永久磁铁做成的一对磁极（N、S），转子是电枢，其原理如图 5.4.15 所示。其工作原理为：在恒定磁场的作用下，当转子在驱动电机的带动下逆时针旋转时，切割磁通。根据电磁感应定律，这将在转子的导体中产生感应电动势及感应电流，并且从 A 电刷引出的总为电动势的正极，从 B 电刷引出的总为电动势的负极，因此输出的是直流电动势。在两电刷间产生的感应电动势为

图 5.4.15　永磁式直流测速发电机的工作原理

$$E = C_e \Phi n$$

显然，输出电动势 E 在 Φ 一定的情况下，E 与转速 n 呈线性关系。如外接负载电阻 R_L，考虑电枢回路电阻 R_a，负载电流为 I，则

$$U_2 = E - R_a I = C_e \Phi n - R_a I$$

且

$$I = \frac{U_2}{R_L}$$

可得

$$U_2 = \frac{C_e \Phi}{1 + \dfrac{R_a}{R_L}} n$$

如果 Φ、R_a、R_L 为常数，则 U_2 与 n 之间是线性关系。n 的大小和方向的改变会影响 U_2 的变化，因此，由 U_2 可测量出转速 n 的大小和方向。若 R_L 发生变化，则其会影响到它们之间的线性度。R_L 越小，在一定转速下输出电压 U_2 下降得也越多，即线性误差增加。还有其他原因也会影响线性误差，如电枢反应、电刷的接触压降等。

习　题

5.1　三相笼型异步电动机在运行时，突然有一相断线，这时电动机的转速及定子电流如何变化？会出现什么可能情况？当电机停转之后能否重新起动？为什么？

5.2　用什么方法可改变分相式单相异步电动机的转向？为什么？

5.3　怎样改变罩极电动机的转向？

5.4　直线电动机为什么不能将初级与次级做成一样长？

5.5　直线电动机的磁场是什么磁场？

5.6　如何改变直线电动机的运行方向？

5.7　如何改变永磁直流电动机的转向？

5.8　直流伺服电动机通常采用什么控制方法？

5.9　交流伺服电动机是如何克服"自转"的？

5.10　交流伺服电动机有几种控制方式？

5.11　怎样改变交流伺服电动机的转向？

5.12　如何改变步进电动机的转向？

5.13　一台五相十拍运行方式的步进电动机，转子齿数 $Z=48$，运行频率 $f=600\,Hz$，试求步进电动机的步距角 θ 和转速 n。

5.14　步进电动机的转速由哪些因素决定？其与负载转矩大小有关吗？

5.15　步距角为 15° 的三相六拍反应式步进电动机的转子有多少个齿？若运行频率为 2 000 Hz，电动机的转速是多少？

5.16　异步测速发电机空气隙磁通若发生变化，对输出电压 U_2 会产生影响吗？会影响测速精度吗？

5.17　直流测速发电机所接负载电阻 R_L 的大小对输出电压 U_2 会产生什么影响？

第6章

电动机的电器控制

在生产实践中，为了满足生产的工艺要求必须对电动机等设备实现自动控制，同时也要为生产机械安全可靠地工作而设置一些保护装置。实现这些功能的元件或电工设备称为电器。所谓电器就是指根据外界施加的信号和要求，能手动或自动地断开或接通电路，断续或连续地改变电路参数，以实现对电或非电对象的切换、控制、检测、保护、变换和调节的电工器械。工作在交流电压 1 200 V 以下或直流电压 1 500 V 以下的电器属于低压电器。低压电器种类很多，按电器元件的特点分，可分为手动电器和自动电器。而采用电磁原理完成上述功能的低压电器称作电磁式低压电器。手动电器包括刀开关、熔断器、按钮等；自动电器包括低压断路器、交流接触器、中间继电器、热继电器、时间继电器等。采用这些电器可组成基本控制线路，如电动机的起动、正反转、制动等控制线路，并实现短路、过载等保护。本章将分别介绍这些低压电器及由它们构成的控制线路。

由于电气系统表示符号国家标准 GB 7159 已经废止，新的国家标准为 GB/T 5094 和 GB/T 20939。为适应形势的需要，本书所用电器符号采用新的国家标准。学习本章后，应能：

- 掌握常用低压电器的工作原理、图形符号及其控制作用；
- 掌握典型点动、长动、正反转、星形－三角形、位置控制、顺序控制、时间控制等典型控制环节的工作原理和设计方法；
- 设计典型的控制电路；
- 分析低压电器控制线路的工作原理。

6.1 常用低压电器

6.1.1 手动电器

1. 刀开关

刀开关用于接通和断开低压配电电源和用电设备，也常用来直接起动小容量异步电动机。刀开关主要由操作手柄、闸刀、夹座和绝缘底板组成，如图 6.1.1 所示。

刀开关分单刀、双刀、三刀三种，掷向可分为单掷、双掷两种。图 6.1.2 所示为刀开关的图形、文字符号。刀开关需人工操作。

图 6.1.1 刀开关

图 6.1.2　刀开关的种类

（a）单掷刀开关；（b）双掷刀开关

2. 熔断器

熔断器在配电系统和用电设备中起短路保护作用。使用时将其串接在被保护电路中。一般是由低熔点合金丝制成熔体。电路正常运行时，它相当于一根导体，不应熔断，只有当电路发生短路时，熔体才立即熔断，切断电路，保护电源等设备。常用熔断器的电路符号如图 6.1.3 所示。

图 6.1.3　熔断器符号

3. 按钮

按钮是一种短时接通或断开控制电路的手动电器，通常用于对控制电路发出起动或停止等指令，因此又叫作主令电器，其结构如图 6.1.4 所示。

图 6.1.4　按钮

（a）结构原理；（b）符号

常闭触点是没有按按钮之前接通的触点，常开触点是没有按按钮之前断开的触点。当用手按下按钮帽时，其常闭触点先断开，以切断某一控制电路，然后常开触点闭合，以接通某一控制电路。松开按钮时，由于复位弹簧的作用，按钮的触点自动复位。图 6.1.4 中的这种触点结构形式称为桥式结构。通常按钮触点通过的额定电流不大于 5 A。

在控制电路中，常开按钮常用作起动按钮，常闭按钮常用作停止按钮，复合按钮常用于电气联锁。

为了便于识别各个按钮的作用，避免误操作，通常将按钮帽制成不同的颜色，以表示不同的功能。常用的颜色有红、绿、黄、蓝和白等，其含义和典型应用见表 6.1。

表 6.1　按钮的含义和典型应用

颜　色	含　　义	典　型　应　用
红色	危险情况下的操作	紧急停止
	停止或分断	停止一台或多台电动机，停止一台机器的一部分，使电器元件失电
黄色	应急或干预	控制不正常情况或中断不理想的工作

续表

颜 色	含 义	典 型 应 用
绿色	启动或接通	启动一台或多台电动机；启动一台机器的一部分，使电器元件得电
蓝色	上述几种颜色未包括的任一种功能	—
黑、灰、白等色	无专门指定功能	可用于停止和分断上述以外的任何情况

6.1.2 自动电器

1. 低压断路器

低压断路器又叫自动空气断路器，是低压配电系统和电力拖动系统中非常重要的开关器件和保护电器，常集控制和多种保护功能于一体。低压断路器作总电源开关除了完成接通和分断电路外，还能对电路和电气设备进行短路保护、严重过载保护和欠电压保护等，也可用于不频繁启动电动机的控制。因此，在低压配电系统中，常用它作终端开关或支路开关，在大部分的使用场合，低压断路器取代了过去常用的刀开关和熔断器的组合。低压断路器主要由触点系统、操作机构、各种脱扣器和灭弧装置等组成。

在图 6.1.5（a）所示电路中有三对主触点，当断路器闭合后，三对主触点由锁钩锁住，保持闭合状态。电流脱扣器是一种短路保护，当发生短路时，电磁铁吸合，推动杠杆向上移动，顶开锁钩，将主触点断开，切断电路。当电源电压降低到某一值时，欠压脱扣器的吸力减少，使电磁铁释放，推动杠杆顶开主触点从而切断电路，起到了欠压或失压保护作用。

图 6.1.5 自动空气断路器
（a）自动空气断路器的原理；（b）自动空气断路器实物；（c）自动空气断路器的图形和文字符号

2. 接触器

接触器是一种用来自动接通和切断大电流电路的电器。它可频繁地接通和分断交直流负载电路。其主要控制对象是电动机、电热设备等。在保护功能上，它具有低电压释放（欠压）保护。常用的分类方法是按照接触器的主触点控制的电路划分为交流接触器和直流接触器两大类。

交流接触器是利用给励磁线圈通入交流电而产生的电磁铁吸力来接通和断开大电流电路，图 6.1.6 所示是交流接触器的主要结构示意。直流接触器的结构和工作原理与交流接触器基本相同，仅在电磁机构方面略有不同，这里不再赘述。

图 6.1.6　交流接触器的结构原理示意

交流接触器主要由可动铁芯、静铁芯、线圈和触点组成。接触器的触点分为主触点和辅助触点两种。主触点允许通过较大的电流，用来接通和断开电动机的主电路，常做成桥式。辅助触点允许通过的电流较小，常用在电动机的控制电路。接触器未通电时处于断开的触点称为常开触点，接触器未通电时处于闭合的触点称为常闭触点。如 CJ10–20 型交流接触器有三个常开主触点、四个辅助触点，其中两个常开触点、两个常闭触点。接触器的图形符号如图 6.1.7 所示。

图 6.1.7　交流接触器的图形符号

（a）主触点；（b）辅助触点；（c）线圈

交流接触器的工作原理如图 6.1.6 所示。当接触器线圈通入交流电后，它产生电磁吸力使可动铁芯被吸合，带动绝缘支架向右移，从而使常闭触点打开，常开触点闭合。复位弹簧此时被压缩。当线圈断电或线圈两端电压下降较大时，电磁吸力消失或太小，在弹簧反作用力的作用下，可动铁芯复位，使各触点的状态也复位。显然交流接触器有自动的失压和欠压保护作用。

由于主触点通过的电流较大，所以在它断开的瞬间，会在触点处产生电弧而烧坏触点，为此通常在电流较大的接触器中装有灭弧装置。为了减少铁损，交流接触器的铁心由硅钢片叠成，并在铁芯端面装有短路环，防止铁芯震动产生噪音。

接触器的技术参数主要有：

（1）额定电压：指主触点的额定电压，在接触器的铭牌上标注。常用的有交流 220 V、380 V 和 660 V，直流 110 V、220 V 和 440 V。

（2）额定电流：指主触点的额定电流，在接触器的铭牌上标注。该参数是在额定电压、使用类别和操作频率等一定条件下规定的，常用的电流等级有 10～800 A。

（3）线圈的额定电压：指加在线圈上的电压。常用的线圈电压有交流 220 V 和 380 V，直流 24 V 和 220 V。

（4）接通和分断能力：指主触点在规定条件下能可靠地接通和分断的电流值。在此电流值下，接通电路时主触点不应发生熔焊，分断电路时主触点不应发生长时间燃弧。

3. 继电器

继电器是根据某种输入信号来接通或断开小电流电路，以实现远距离控制和保护的自动电器。其输入量可以是电流、电压等电量，也可以是温度、时间、速度、压力等非电量，而输出量是触点的动作或电路参数的变化。继电器一般由输入感测机构和输出执行机构两部分组成，前者反映输入量的变化，后者完成触点的分合动作。

继电器的种类较多，主要有以下分类：

（1）按用途分有控制继电器和保护继电器；

（2）按动作原理分有电磁式继电器、感应式继电器、热继电器、电子继电器等；

（3）按输入信号分有电压继电器、电流继电器、速度继电器、压力继电器和温度继电器等；

（4）按动作时间分有瞬时继电器和延时继电器。

下面分别介绍经常使用的几种不同类型的继电器。

1）中间继电器

中间继电器属于控制电器，按电磁式原理工作，是电压型的，且是瞬时动作的继电器。中间继电器在控制电路中起信号传递、放大、切换和逻辑控制等作用，主要用于扩展触点数量，实现逻辑控制。

中间继电器的结构和交流接触器基本相同，只是它无主、辅触点之分，且触点个数较多，通常有 8 对触点。其中 4 对常开触点，4 对常闭触点。触点允许通过的电流较小，一般为 5 A。中间继电器主要用在控制电路中，起到信号的传递与转换作用，其符号如图 6.1.8 所示。

图 6.1.8 中间继电器的符号

（a）线圈；（b）常开触点；（c）常闭触点；（d）复合触点

2）热继电器

热继电器是一种用于电动机的过载、断相以及电流不平衡的保护电器。它是利用电流通过发热元件所产生的热量，加热双金属片来推动机构动作的一种电器。

图 6.1.9（a）所示为热继电器的结构原理。发热元件是阻值不大的电阻丝，串联接在电动机的主电路中。被发热元件缠绕的双金属片各自具有不同的膨胀系数，下层金属膨胀系数大，上层金属膨胀系数小。当主电路中电流超过允许值时，金属片的温度上升，经过一段时间后，双金属片因受热向上弯曲，使扣板脱扣。扣板在弹簧的作用下移动，使常闭触点打开。常闭触点是接在电动机的控制电路中，控制电路断开而使交流接触器的线圈断电，从而断开电动机的主电路，起到保护作用。待排除故障双金属片温度恢复正常之后，按一下复位按钮，可使热继电器的触点恢复常闭状态。

图 6.1.9　热继电器

（a）结构原理；（b）图形符号

由于双金属片的热惯性，热继电器不能作短路保护。同时在电动机起动或短时过载时，热继电器因惯性而不会动作，从而避免了电动机的不必要停车。图 6.1.9（b）所示为热继电器的图形和文字符号。

3）时间继电器

当继电器的线圈通电或断开一定时间后，其动作执行机构才动作，这类继电器称为时间继电器。用以协调和控制生产机械的各种动作，如实现电动机的星形–三角形转换起动。其类型有电磁式、电子式、电动式和空气阻尼式，在交流电路中常采用空气阻尼式时间继电器。

空气阻尼式时间继电器利用空气阻尼的作用而达到延时目的，它的结构原理如图 6.1.10 所示。它是由可动铁芯、静铁芯、线圈、延时动作触点、瞬时动作触点和气囊式阻尼器等构成。

当线圈通电后，可动铁芯克服弹簧的阻力与静铁芯吸合，固定在可动铁芯上的托板先改变瞬时动作触点的状态，即常闭触点断开，常开触点闭合。同时使活塞杆与可动铁芯之间存在一段距离，在活塞杆上的释放弹簧的作用下，活塞杆向下移动，使与活塞相连的橡皮膜也向下移，橡皮膜上面稀薄空气形成负压。活塞受橡皮膜上面空气的压力作用不能迅速下移，只有当空气由进气孔进入气室时，活塞才逐渐下移，移动到位后，杠杆使延时触点动作，即

图 6.1.10　通电延时继电器

（a）结构原理；（b）图形符号

使触点延时闭合和延时断开。延时时间是从线圈通电时起到延时触点动作时为止这段时间。通过调节螺钉来调节进气孔的大小，就可调节延时时间。当线圈断电后，依靠恢复弹簧的作用，可动铁芯恢复原位，从而使瞬时动作触点及延时动作触点同时立即复原。空气经由出气孔被迅速排出。

通电延时继电器都有两个延时触点和两个瞬时触点，其图形符号如图6.1.10（b）所示。

空气式时间继电器也可做成断电延时，只要将可动铁芯倒装一下即可，如图6.1.11所示。

断电延时继电器也有两个延时触点和两个瞬时触点，其图形符号如图6.1.11（b）所示。空气式时间继电器的延时范围为0.4～180 s。

图 6.1.11 断电延时继电器

（a）结构原理；（b）图形符号

4. 行程开关

行程开关（图6.1.12）的动作原理与按钮相似，也是一种主令电器。按钮用手来控制其触点的通与断，而行程开关用运动部件的撞块撞击行程开关，使其触点通与断。它有一个常开触点和一个常闭触点，通常是一对复合触点。行程开关多用于工作台前进与后退的行程控制。

图 6.1.12 行程开关

（a）实物；（b）结构原理；（c）图形符号

5. 其他新型电器

1）固态继电器

固态继电器（Solid State Relay，SSR）是采用半导体元件的一种无触点开关。其接通和断开没有机械触点，具有开关速度快、工作频率高、使用寿命长、动作可靠等优点。

固态继电器一般有两个输入端和两个输出端。当输入端无信号时，其输出端为阻断状态；当在输入端施加控制信号时，输出端为导通状态。固态继电器的实物和电路符号如图 6.1.13 所示。

（a）　　　　　　　（b）　　　　　　　（c）

图 6.1.13　固态继电器

（a）实物；（b）驱动元件；（c）触点

2）接近开关

接近开关又叫无触点行程开关，其功能是当被检测物与之接近到一定距离时就发出动作信号。它不像机械式行程开关需要施加机械力，而是通过其感辨头与被检测物间介质能量的变化来获取信号，因而其应用范围已远超一般行程控制和限位保护，可用于高速计数、测速、液位控制等。接近开关的实物和图形文字符号如图 6.1.14 所示。

（a）　　　　（b）　　　（c）

图 6.1.14　接近开关

（a）各种接近开关实物；（b）常开触点；（c）常闭触点

3）光电传感器

光电传感器是一种通过检测可见光或不可见光来控制触点通断的光学控制设备。光电传感器由发射管（光源）和接收管（传感器）两部分组成，如图 6.1.15 所示。发射和接受有可能是分离的。

（a）　　　　　　　　　　　　（b）

图 6.1.15　光电传感器

（a）原理；（b）实物

6.1.3　电气控制线路图的图形、文字符号及绘制原则

电气控制线路用导线将电动机、电器和仪表等按一定的控制要求连接起来，实现某种控

制功能。为了表达生产机械电气控制系统的结构、原理等设计要求，便于电气系统的安装、调试和维护，将电气控制系统中的各个电器元件及其连接线路用一定的图形表示出来，就是电气控制系统图。

电气控制系统图通常有电气原理图、电器布置图和安装接线图。这些图应根据简明易懂的原则，采用国家标准统一规定的图形和文字符号、标准画法来绘制。

电气元器件的文字符号一般由2个字母组成，在国家标准GB/T 5094.2—2003《工业系统、装置与设备以及工业产品——结构原则与参照代号》中，给出了电气元器件的第一个字母，见表6.2。

电气元器件的第二个字母，由GB/T 20939—2007中子类字母的代码规定，见表 6.3。

表6.4给出了部分常见电气元器件的图形符号和新/旧国标的文字符号。

表6.2　GB/T 5094.2—2003 中项目的字母代码（主类）

代码	项目的用途和任务
A	两种或两种以上的用途和任务
B	把某一输入变量（物理性质、条件和事件）转换为供进一步处理的信号
C	材料、能量或信息的存储
D	备用
E	提供辐射能或热能
F	直接防止（自动）能量流、信息流、人身或设备发生危险的或意外的情况，包括用于防护的系统和设备
G	启动能量流或材料流，产生用作信息载体或参考源的信号
H	产生新类型材料或产品
J	备用
K	处理（接收、加工和提供）信号或信息（用于保护目的的项目除外，见F类）
L	备用
M	提供用于驱动的机械能量（旋转或线性机械运动）
N	备用
P	信息表述
Q	受控切换或改变能量流、信号流或材料流（对于控制电路中的开/关信号，见K类或S类）
R	限制或稳定能量、信息或材料的运动或流动
S	把手动操作转变为进一步处理的特定信号
T	保持能量性质不变的能量变换，已建立的信号保持信息内容不变的变换，材料形态或形状的变换
U	保持物体在指定位置
V	材料或产品的处理（包括预处理和后处理）
W	从一地到另一地导引或输送能量、信号、材料或产品

代码	项目的用途和任务
X	连接物
Y	备用
Z	备用

表 6.3　GB/T 20939—2007 中子类字母的代码

子类字母代码	项目、任务基于	子类字母代码	项目、任务基于
A、B、C、D、E	电能	L、M、N、P、Q、R、S、T、U、V、W、X、Y	机械工程结构工程（非电工程）
F、G、H、J、K	信息、信号	Z	组合任务

表 6.4　常见电气元器件的图形和文字符号新/旧国标对照表

名称	图形符号	文字符号		说　明
		新国标（GB/T 5094—2003 GB/T 20939—2007）	旧国标（GB 7159—87）	
电源				
正极	+			
负极	−			
中性线	N			
直流系统电源线	L+ L−			
交流电源 3 相	L₁ L₂ L₃			
交流设备 3 相	U V W			
接地和接机壳、等电位				
接地	⊥ ⏚ ⊕	XE	PE	接地一般符号 地一般符号 接机壳、接底板 保护接地
导体和连接器件				
端子	● ○	XD	X	连接、连接点 端子

名称	图形符号	文字符号		说　明
		新国标 （GB/T 5094—2003 GB/T 20939—2007）	旧国标 （GB 7159—87）	
基本无源器件				
电阻		RA	R	电阻器一般符号
电感			L	电感器、线圈、绕组等
电容		CA	C	电容器一般符号
电能的发生和转换				
电动机		MA	M	三相笼型异步电动机
触点				
触点		KF	KA KM KT 等	动合（常开）触点 也可用作开关的一般符号
				动断（常闭）触点
延时动作 触点		KF	KT	当操作器件被吸合时延时 闭合的动合触点
				当操作器件被释放时延时 断开的动合触点
				当操作器件被吸合时延时 断开的动断触点
				当操作器件被释放时延时 闭合的动断触点
开关及开关器件				
单极开关		SF	S	手动操作开关的一般符号
			SF	具有动合触点且自动 复位的按钮
				具有动断触点且自动 复位的按钮
行程开关		BG	SQ	行程开关动合触点
				行程开关动断触点

续表

名称	图形符号	文字符号		说　　明
		新国标 （GB/T 5094—2003 GB/T 20939—2007）	旧国标 （GB 7159—87）	
电力开关 器件		QA	KM	接触器的主动合触点
			QF	断路器
继电器线圈				
线圈		QA	KM	接触器线圈
			K	电磁继电器线圈符号
		KF	KT	延时释放继电器的线圈
				延时吸合继电器的线圈
		BB	FR	热继电器驱动器件
熔断器				
熔断器		FA	FU	熔断器一般符号
灯和信号器件				
灯信号、 器件	⊗	EA 照明灯	EL	灯、信号灯一般符号
		FG 指示灯	HL	
		PB	HA	电铃
			HZ	蜂鸣器

6.2　控制线路的基本环节和典型控制线路

三相异步电动机拖动的交流控制系统常采用继电接触器控制线路，尽管各电气控制线路不同，但它们都是由一些最基本的控制环节按一定规律组合而成，掌握了这些基本环节有助于对各种控制线路的分析与设计。

6.2.1　电动机的点动和长动控制

1. 电动机的点动控制

"点动"是指电动机在很短的时间内的断续工作状态，通常是切削机床上作试车调整，如铣床对刀。

图 6.2.1 所示是三相异步电动机的点动控制线路，由开关 QB、交流接触器 QA、起动按钮 SF、熔断器 FA 及电动机 MA 组成。控制线路分为主电路和控制电路两部分。

接触器的线圈与触点是一个整体，但为了便于分析和设计控制电路，常按它的作用原理来画图，即将接触器的主触点画在电动机的主电路中，而将它的线圈画在控制电路中，机械结构则不画在控制线路中，并将同一电器的各个部分都采用同一文字符号标明。而且控制线路中所有电器各触点状态是在没有通电的情况下，按钮是在未按下时的位置。

点动控制线路的工作过程为：先合开关 QB 接通电源，为电动机工作作好准备。当按下起动按钮 SF 时，交流接触器线圈 QA 通电，可动铁芯被吸合，主电路中的三个常开触点闭合，三相电源加到电动机定子绕组上，电动机 MA 转动。当松开按钮 SF 时，QA 线圈电路被切断，在复位弹簧的作用下，铁芯的触点恢复原位，电动机被切断电源而停转。在上述这个电路中熔断器 FA 实现短路保护，交流接触器具有零压和欠压保护作用。

2. 长动控制线路

"长动"是指三相异步电动机长期运行的工作状态，即在按下起动按钮 SF_1，电动机起动后，即使起动按钮复位，接触器线圈仍能长期得电。为实现这一目的，在起动按钮两端并联一个交流接触器的常开触点，称自锁环节，控制线路如图 6.2.2 所示。为使三相异步电动机停

图 6.2.1　点动控制线路

图 6.2.2　长动控制线路

转，在控制电路中串接一个常闭停车按钮 SF_2。由于电动机工作在长期运行状态，在线路中接入热继电器 BB，起过载保护作用。将热继电器的发热元件 BB 串接在主电路中，将其常闭触点 BB 串接在控制电路中。工作过程如下：

闭合QB → 按SF_1 →QA线圈得电→QA 常开主触点闭合→ 电动机MA运转。

　　　　　　　　　　　　　　　　→ QA 常开辅助触点闭合→ 自锁。

按SF_2→QA 线圈失电→ 各触点全部复位→MA停转。

若电路发生过载，热继电器 BB 的发热元件经一段时间后，其常闭触点断开，使 QA 线圈断电，电动机 MA 停转。

3. 点动与长动控制线路

在生产实践中通常要求对电动机既能实现点动又能实现长动控制，其控制线路如图 6.2.3 所示，注意图中组合刀开关（刀开关和熔断器的组合）由自动空气断路器代替，同样具有组合刀开关的功能。工作过程如下：

图 6.2.3　异步电动机的点动与长动控制线路

（1）点动：闭合 QA_1→按 SF_3→QA 线圈得电→QA 主触点闭合→实现点动。虽然 QA 辅助触点闭合，但 SF_3 复合按钮的常闭触点断开不能构成 QA 线圈的自锁。松开 SF_3→QA 线圈失电→各触点全部复位→MA 停转。

（2）长动：按 SF_1→QA 线圈得电→QA 主触点闭合→MA 运转。

　　　　　　└──→ QA 辅助触点闭合→自锁。

按 SF_2→QA 线圈失电→触点复位→MA 停转。

4. 电气控制系统中的线号

为了施工、检修时方便、准确，需要对连接导线进行定义，即线号。每个厂家定义线号的命名方法都有所不同，这里介绍"等电位"线号命名方法。采用线号命名导线，以正反转电路为例，说明线号的命名方法。线号命名方法示例如图 6.2.4 所示。

图 6.2.4　线号命名方法示例

编制线号，按下列原则进行：（1）线号从电源端开始，依次编号；（2）按"先主电路，后控制电路"原则，从上到下，从左到右顺序编号，且每经过一个电器元件需改变线号；（3）电气上相同的导线使用同一线号。

6.2.2　正、反转控制线路

生产机械的往复运动要求对电动机实现正、反转控制，如工作台的前进与后退、车床主轴的正转与反转、起重机吊钩的上升与下降等。由前述内容可知，改变电动机的转向就是改变三相交流电源的相序。为此采用两个交流接触器实现这一目的。当电动机正转工作时，正转交流接触器 QA_F 工作，接入电源的相序为 A－B－C；当电动机反转工作时，反转交流接触

器 QA_R 工作，接入电源的相序为 C-B-A。

为了避免出现两个交流接触器同时工作的误操作而引起电源短路故障，对两个交流接触器的线圈要加互锁环节。电动机正反转控制线路如图 6.2.5 所示。正转接触器 QA_F 的一个常闭辅助触点串接在反转接触器 QA_R 的线圈电路中，反转接触器 QA_R 的一个常闭辅助触点串接在正转接触器 QA_F 的线圈电路中，这两个常闭触点称为互锁环节。这样一来，当正转接触器线圈通电时，它的常闭触点断开了反转接触器线圈电路，这时若误按了反转起动按钮，反转接触器也不会动作；反之当反转接触器线圈通电时，正转接触器也不可能动作。工作过程如下：

闭合QA→按SF_F→QA_F线圈通电→QA_F主触点闭合→MA起动正转。

　　　　　　　　　　　　　　└→QA_F常开辅助触点闭合→实现自锁。

　　　　　　　　　　　　　　└→QA_F常闭辅助触点断开→实现互锁。

按SF→QA_F线圈断电→QA_F触点全部复位→MA停转。

按SF_R→QA_R线圈通电→QA_R主触点闭合→MA起动反转。

　　　　　　　　　　　　　　└→QA_R常开辅助触点闭合→实现自锁。

　　　　　　　　　　　　　　└→QA_R常闭辅助触点断开→实现互锁。

按SF→QA_R线圈断电→QA_R触点全部复位→MA停转。

此线路中自动空气断路器 QA 已具有短路、过载、零压和欠压保护功能。由以上分析可知，若要实现电动机由正转到反转的转换，必须先经过停车，然后重新起动。若在原电路中将正转起动按钮，反转起动按钮改用复合按钮，就可实现由正转直接改为反转或反转直接改为正转，控制线路如图 6.2.6 所示。

图 6.2.5　电动机正-停-反控制线路图

图 6.2.6　三相异步电动机强制正、反转控制线路

6.2.3　行程控制

有些生产机械要求其工作台能在一段距离内自动往复循环运动，以实现对工件进行连续加工。这种控制通常是利用行程开关实现的，也就是用行程开关自动实现电动机的正、反转控制，从而使工作台不断地自动往返运动。工作台自动往返控制示意如图 6.2.7 所示。

图 6.2.7　工作台自动往返控制示意

设工作台左移为电动机正转，工作台右移为电动机反转。行程开关 BG_a、BG_b 控制工作台左移和右移，即控制电动机正转和反转。行程开关 BG_1、BG_2 是防止 BG_a、BG_b 失控时进行保护的开关，又称限位保护开关。工作台上装有撞块，当撞块压下行程开关时，行程开关的触点状态改变，从而控制电动机的正转和反转。行程开关控制的正、反转控制电路（主电路与正、反转控制线路的主电路同，故略）如图 6.2.8 所示，工作过程如下：

按 $SF_F \rightarrow QA_F$ 线圈通电 $\rightarrow$ 电动机正转（工作台左移）$\rightarrow$ 行至工作台撞块压下行程开关 $BG_a \rightarrow BG_a$ 的常闭触点断开 $\rightarrow QA_F$ 线圈断电 $\rightarrow QA_F$ 接触器复位，电动机停止正转。

BG_a 的常开触点闭合（BG_a 触点先断后合）$\rightarrow QA_R$ 线圈通电 $\rightarrow$ 电动机反转（工作台右移）。

小车行至工作台撞块压下行程开关 $BG_b \rightarrow BG_b$ 的常开触点断开 $\rightarrow QA_R$ 线圈断电 $\rightarrow QA_R$ 接触器复位 $\rightarrow$ 电动机停止反转。

BG_b 常闭触点闭合 $\rightarrow$ 使电动机再次正转 $\rightarrow$ 如此往复。

按下停车按钮 $SF \rightarrow QA_F$（或 QA_R）断电 $\rightarrow$ 电动机停止正转（或反转），工作台停止移动。

图 6.2.8　行程开关控制的正、反转控制电路

6.2.4　顺序控制

有些生产机械要求几台异步电动机按一定的先后次序进行工作，如机床主轴电动机开动之前，要求提供润滑油的电动机先起动运转。实现先后次序工作过程的控制称为顺序控制。控制线路如图 6.2.9 所示，在主电路中 MA_1 先起动，MA_2 后起动，控制 MA_1 运转的接触器为 QA_1，控制 MA_2 运转的接触器为 QA_2，并利用 QA_1 的常开触点来控制 QA_2 的线圈通路。工作过程如下：

闭合QA→按SF$_1$→QA$_1$线圈通电→QA$_1$主触点闭合→MA$_1$起动，运转。

└─→QA$_1$的一个辅助触点闭合实现自锁，另一个辅助触点闭合，给QA$_2$线圈支路提供通电条件，又称顺序控制环节。

此时再按SF$_2$→QA$_2$线圈通电→QA$_2$主触点闭合→MA$_2$起动，运转。

└─→QA$_2$辅助触点闭合→实现自锁。

按SF→QA$_1$、QA$_2$线圈同时断电→主、辅触点全部复位→电动机MA$_1$、MA$_2$停转。

6.2.5　时间控制

采用时间继电器进行延时控制称为时间控制，如电动机的顺序控制需自动进行、电动机星形–三角形换接起动等，都需要用时间继电器来控制。

1. 用时间继电器实现的顺序控制

图 6.2.10 所示是利用时间继电器 KF 实现两台电动机顺序控制电路，主电路与图 6.2.9 中的主电路同，故略。其工作过程为：

按SF$_1$→QA$_1$线圈通电→QA$_1$主触点闭合→MA$_1$运转。

└─→QA$_1$的常开辅助触点闭合→实现自锁。

└─→KF线圈通电→KF延时闭合触点经过一段时间延时后闭合→QA$_2$线圈通电→QA$_2$主触点闭合→MA$_2$运转。

按SF$_2$→QA$_1$、QA$_2$、KF线圈全部断电，触点复位→MA$_1$、MA$_2$停转。

图 6.2.9　顺序控制线路

图 6.2.10　用时间继电器实现的顺序控制电路

2. 星形–三角形起动控制线路

额定运行为三角形接法且容量较大的电动机可以采用星形–三角形降压起动。电动机起动时定子绕组按星形连接，待转速升高到一定值时，改为三角形连接，星形–三角形换接可通过时间继电器实现。星形–三角形起动控制线路 1 如图 6.2.11 所示。

图 6.2.11　星形－三角形起动控制线路 1

在主电路中，接触器 QA_1 主触点实现电动机的星形连接，接触器 QA_2 主触点实现电动机的三角形连接，时间继电器 KF 实现星形－三角形转换，且 QA_1 与 QA_2 的主触点不能同时闭合，否则电源将被短路，所以在控制电路中 QA_1 与 QA_2 的两个线圈要有互锁环节。工作过程如下：

按 SF_1→QA_1 线圈通电→QA_1 主触点闭合，电动机实现星形连接运转。

　　　　└──→ QA_1 常闭辅助触点断开，实现互锁。

　　└──→ KF 线圈通电→KF 瞬时动作触点闭合，实现自锁。

　　　　　└──→ KF 常闭延时动作触点经延时后打开→QA_1 线圈断电→QA_1 主触点断开星形连接。

QA_1 常闭触点复位→QA_2 线圈通电→QA_2 主触点闭合→电动机实现三角形连接，正常运转。

按 SF_2→QA_2 线圈及 KF 线圈断电→全部触点复位→电动机停转。

为了防止接触器 QA_1 的主触点尚未断开（如经常使用的接触器，可能造成触点粘连）而接触器 QA_2 主触点已吸合所造成的电源短路故障，常采用图 6.2.12 所示的控制线路。这种控制线路通过接触器 QA_3 使星形－三角形换接过程中断开电源，星形－三角形换接完成后，才能再次接通电源。

图 6.2.12　星形－三角形起动控制线路 2

工作过程如下：

按SF₁→QA₁线圈通电→QA₁主触点闭合→电动机实现星形连接。

　　　→QA₁常开辅助触点闭合→QA₃线圈通电，接通电源，电动机在星形连接下运转。

　　　→QA₁常闭辅助触点断开QA₂线圈通路。

在按下SF₁的同时KF线圈通电→KF瞬时触点闭合，实现自锁。

KF延时动作触点经延时后打开→QA₁线圈断电→QA₁主触点断开星形连接。

　　　→QA₁常开辅助触点复位→QA₃线圈断电→断开电源。

　　　→QA₁常闭辅助触点复位→QA₂线圈通电→QA₂主触点闭合，实现三角形连接。

QA₂常开辅助触点闭合→QA₃线圈通电→再次接通电源，电动机在三角形连接下继续运转。

按SF₂→QA₂、QA₃、KF线圈全部断电→各触点复位，电动机停转。

6.3　实际机床控制线路举例

在对各种控制线路进行分析时，应首先从电动机着手，先看主电路有哪些控制元件的触点以及保护是如何连接的，从而大致判断出电气线路所要完成的功能。接下来分析控制电路，对控制电路的分析通常是由上往下，由左向右。设想按动操作按钮，然后观察有哪些电器元件动作，哪些触点的状态发生变化，其进而影响到哪些执行元件动作等，下面结合图 6.3.1 所示的主电路与图 6.3.2 所示的控制电路进行分析。

图 6.3.1　车床电气原理图的主电路

1. 主电路分析

主电路共有三台电动机：主轴电动机 MA₁、冷却泵电动机 MA₂ 和快速移动电动机 MA₃。交流接触器 QA₁ 和 QA₂ 实现主轴电动机正转和反转，交流接触器 QA 的主触点用于短路限流电阻 R（用于点动）。主轴电动机有短路和过载保护。冷却泵电动机 MA₂ 由 QA₃ 实现单方向运转，有过载和短路保护。快速移动电动机 MA₃ 由 QA₄ 实现单方向运转，只有短路保护，因为它完成刀架的快速移动，属于短时工作，所以没有过载保护。

图 6.3.2　车床电气原理图的控制电路

2. 控制电路分析

1）主轴电动机的点动控制

调整车床时要求点动控制 MA₁，工作过程如下：

按 SF₁→QA₁线圈通电→主轴电动机 MA₁经 R 限流接至电源→电动机 MA₁在低速下转动。

松开 SF₁→QA₁线圈断电→MA₁停止。

在点动过程中，中间继电器 KF 及接触器 QA 不动作。

2）主轴电动机的正、反转控制

（1）主轴电动机的正转：

按SF₂→QA线圈通电→QA主触点将电阻R短接。

　　↳QA辅助常开触点闭合→KF线圈通电→KF常开触点闭合，并同SF₂触点

　一起使QA₁线圈通电→QA₁主触点闭合→主轴电动机MA₁正向起动运转。

　　　　　↳QA₁辅助常开触点闭合，和KF触点串联构成了QA₁自锁。

　　　　　↳QA₁辅助常闭触点构成与QA₂的互锁。

（2）主轴电动机的反转：

按 SF₃→QA 线圈通电（作用同正转）→KF 通电→QA₂线圈通电→电动机反转。KF 与 QA₂的常开触点构成 QA₂自锁。QA₂常闭触点构成与 QA₁的互锁。

停车：按下 SF→QA 线圈、QA₁（或 QA₂）线圈，KF 线圈断电→主轴电动机 MA₁停转。

3）刀架快速移动控制

刀架快速移动是由刀架快速移动电动机 MA₃来驱动的，通过转动刀架手柄压下位置开关 BG，使接触器 QA₃通电，电动机 MA₃起动快速运行。

4）冷却泵控制

冷却泵由冷却泵电动机 MA₂来驱动，当按下 SF₄时，接触器 QA₄线圈通电，并自锁，电动机 MA₂起动，提供冷却液。按下 SF₅，QA₄线圈断电，电动机 MA₂停转。

6.4 继电器控制线路的一般设计原则

为了使电气控制系统满足生产机械加工工艺的要求，并使线路安全可靠、操作和维护方便、设备投资及其运行经济，必须正确合理地设计控制线路。控制线路设计的一般原则如下：

（1）在满足对生产对象要求的前提下，控制线路应力求简单，尽量减少连接导线和所用控制电器的数量、触点的数量及被控电器在接通时所经过的触点的数量，这样可减少线路出现故障的机会。

（2）尽量选择典型环节和典型的控制线路，根据各部分的联锁条件将其组合起来，综合而成满足控制要求的完整控制线路。

（3）正确联接接触器的线圈，在电路中不能将两个线圈串联，若要两个电器同时动作其线圈应该并联连接。

（4）接通电源后，不按操作按钮电器不应该有动作。

（5）通常触点在左，线圈在右。

（6）在控制线路设计中，要有一定的安全保护措施，如短路保护、过载保护、欠压保护、限位保护等。

通常控制线路的设计方法有两种，即经验设计法和逻辑设计法。

经验设计法是根据生产工艺要求，利用各种典型的线路环节，直接设计控制线路，这种设计方法比较简单，但要求设计者必须熟悉和掌握多种典型线路，在设计过程中还要经过多次反复修改，才能符合设计要求。

逻辑设计法是根据生产工艺要求，利用逻辑代数来分析设计线路，用这种方法设计的线路比较合理，但这种设计方法难度大，不易掌握。本节主要采用经验设计法。

（1）设计举例 1：生产工艺要求电动机 MA_1 先起动，起动后，电动机 MA_2 才可以起动，MA_2 起动后经过一段延时，MA_1 自动停车，且 MA_1 单向运转，MA_2 能实现正反转，要有短路及过载保护。

设计步骤：

① 设计主电路。根据工艺要求可知，实现电动机 MA_2 的正、反转需要两个交流接触器 QA_2、QA_3；实现电动机 MA_1 的单向运转需要一个交流接触器 QA_1。

② 设计控制电路。三个交流接触器线圈要三个起动按钮，SF_1 用于接通 QA_1 线圈（即起动 MA_1），SF_2 用于接通 QA_2 线圈（即起动 MA_2 正转），SF_3 用于接通 QA_3 线圈（即起动 MA_3 反转）。用 QA_1 的一个常开触点实现 MA_1 与 MA_2（MA_3）的顺序控制，且 QA_2 与 QA_3 线圈之间要有互锁，QA_1 与 QA_2、QA_3 线圈要有自锁。需一个通电延时时间继电器，用它的通电延时断开触点，实现 MA_2 起动后，经过一段时间 MA_1 停车的自动控制，并由 KF 的瞬时动作触点构成自锁。停车按钮为 SF。设计的控制线路如图 6.4.1 所示。

（2）设计举例 2：有三台电动机 MA_1、MA_2、MA_3。按启动按钮后，电动机 MA_1 先起动，延时一段时间后电动机 MA_2 自行起动，MA_2 起动后经过一段延时，MA_3 自行起动。按停止按钮后，MA_3 立即停车，一段时间后 MA_2 自行停车，MA_2 停车一段时间后 MA_1 自行停车。

按要求设计电路，如图 6.4.2 所示。每台电动机都设有短路、过载保护。电动机的顺序延时自动起动可用通电延时时间继电器实现，而顺序自动停车则可用断电延时时间继电器完成。

为了记忆起动、停止状态，使用中间继电器来暂存这些信息。

图 6.4.1　设计示例

图 6.4.2　三台电动机顺序起动停止电路

其动作顺序如下：

按下起动按钮SF_1 ⟶ 中间继电器KF线圈得电 ⟶ KF常开触点闭合 ⟶ 接触器QA_1线圈得电

⟶ QA_1主触点闭合，电动机MA_1起动运行。　　　　　　延时时间到，SF_3延时闭合。

⟶ QA_1辅助触点闭合 ⟶ 通电延时时间继电器KF_3线圈得电 ⟶ 触点闭合，QA_2线圈得电

┌→ QA₂主触点闭合，电动机MA₂延时起动运行。

延时时间到，SF₄延时闭合。

└→ QA₂辅助触点闭合 ─→ 通电延时时间继电器KF₄线圈得电 ─→ 触点闭合，QA₃线圈得电 ┐

└→ QA₃主触点闭合，电动机MA₃延时起动运行。

断电延时时间继电器KF₁线圈得电，断电延时触点闭
合，锁住线圈QA₁。   QA₂辅助触点闭合。

断电延时时间继电器KF₁线圈得电，断电延时触点闭合，锁住线圈QA₂。

按下停止按钮SF₂ ─→ 中间继电器KF线圈失电 ─→ KF触点恢复断开 ─→ 接触器QA₃线圈失电 ┐

┌→ QA₃主触点断开，电动机MA₃立即停车。

延时时间到，SF₂延时断开。

└→ QA₃辅助触点断开 ─→ 断电延时时间继电器KF₂线圈失电 ─→ 触点断开，QA₂线圈失电 ┐

┌→ QA₂主触点断开，电动机MA₂延时停车。

延时时间到，SF₁延时断开。

└→ QA₂辅助触点断开 ─→ 断电延时时间继电器KF₁线圈失电 ─→ 触点断开，QA₁线圈失电 ┐

└→ QA₁主触点断开，电动机MA₁延时停车。

6.5　常用电器元件的选择

6.5.1　交流接触器的选择

选择接触器时要考虑的主要性能指标是额定电流（主触头的额定电流），线圈的额定电压，触点的个数等。

常用的额定电流等级为 5 A、10 A、20 A、40 A、75 A 等，额定电流应根据电动机的功率及使用情况来选择，一般情况下额定电流应大于或等于负载的额定电流。

线圈的额定电压应等于控制电路的电源电压，其电压等级为交流 220 V、380 V 和 660 V，直流 110 V、220 V 和 440 V。

触点数目应根据控制线路的要求而定，交流接触器通常有三对常开主触点和四至六对辅助触点。

6.5.2　继电器的选择

1. 中间继电器

选择中间继电器主要考虑触点的数量、线圈的电压、经过触点的电流，使其满足控制电路的要求。

2. 时间继电器

选择时间继电器时主要考虑延时方式（断电延时或通电延时）、延时范围、延时精度及触点的形式和数量。在要求不是很高的场合下，可采用价格较低的空气阻尼式时间继电器，若对延时要求精度较高可选用晶体管式时间继电器。

3. 热继电器

热继电器的主要技术指标是整定电流。整定电流的整定值为电动机额定工作电流的0.95～1.05 倍，若超过此整定值的 20%，热继电器应在 20 min 内动作。对于 JR10－10 型热

继电器，整定电流为 0.25～10 A。

6.5.3　熔断器的选择

熔断器的选择主要考虑其类型和熔丝额定电流。

熔断器类型要根据负载保护特性和短路电流大小来选择，如电动机过载保护宜选用锌质熔体和铅锡合金的熔断器。

熔丝额定电流的选择原则如下：

（1）对于照明等电路可直接按负载的额定电流选取。

（2）对于单台长期工作电动机：熔丝额定电流≥（1.5～2.5）电动机的额定电流。

（3）对于多台电动机：熔丝额定电流≥（1.5～2.5）容量最大的电动机额定电流＋其余电动机的额定电流之和。

习　题

6.1　自动空气断路器能起什么保护作用？

6.2　交流接触器的铁芯为什么用硅钢片叠成？为什么要在铁芯端面装短路环？

6.3　中间继电器与交流接触器有什么不同？

6.4　热继电器与熔断器各起什么保护作用？

6.5　行程开关是靠什么实现其触点的通与断的？

6.6　自锁环节是如何组成的？它在控制线路中起什么作用？

6.7　互锁环节是如何组成的？它在控制线路中起什么作用？

6.8　分析题图 6.1 所示电路，哪种电路能实现电动机正常连续运行和停止？为什么？

题图 6.1　习题 6.8 图

6.9　题图 6.2 所示是实现电动机正、反转的控制电路，请指出存在的错误，并改正之。

题图 6.2 习题 6.9 图

6.10 试分析题图 6.3 所示控制线路的动作过程，并指出控制电路所能实现的控制功能。

题图 6.3 习题 6.10 图

6.11 试指出题图 6.4 所示的控制线路所能实现的控制功能。

题图 6.4 习题 6.11 图

6.12 分析题图 6.5 所示控制电路的动作过程，并指出具有什么典型环节。

6.13 有两台三相异步电动机 MA₁ 和 MA₂，要求：（1）每台电动机都能正转；（2）各自有短路、过载保护；（3）第一台电动机工作时，第二台电动机不能工作，反之亦然。试设计实现满足上述要求的控制电路和主电路。

6.14　有两台三相异步电动机 MA_1 和 MA_2。要求：（1）必须首先起动 MA_1，然后才可以起动 MA_2；（2）MA_2 先停车后，MA_1 才能停车。试画出 MA_1 和 MA_2 的主电路和控制电路。

6.15　试分析题图 6.6 所示的控制线路，指出电动机 MA_1 和 MA_2 动作规律。

题图 6.5　习题 6.12 图

题图 6.6　习题 6.15 图

6.16　指出题图 6.7 所示控制线路中，QA_1、QA_2、QA_3、KF 在电路中的作用。该线路实现的是什么控制？

题图 6.7　习题 6.16 图

6.17　有两台电动机 MA_1 和 MA_2，要求：（1）MA_1 先起动，经过延时 30 s 后，MA_2 能自行起动；（2）MA_2 起动后，MA_1 立即停车。试设计完成满足上述要求的主电路和控制电路，并使之具有过载和短路保护。

6.18 设计满足下述要求的两台电动机 MA_1 和 MA_2 的控制电路：

（1）MA_1 先起动后，按起动按钮，MA_2 才能起动。

（2）MA_2 起动后经过延时 20 s，MA_1 自动停车。

6.19 设计一个运料小车控制电路，要求如下：按起动按钮后，运料小车从起始点出发，向目的地方向前进，到达地点后自动停车（用行程开关实现），停车 2 min 后自动返回起始位置并停车。

第7章
可编程序控制器原理及应用

可编程序控制器（Programmable Controller），又称为可编程序逻辑控制器（Programmable Logic Controller，PLC），是专为工业自动控制而设计的一种数字运算操作的电子装置。它采用可以编制程序的存储器，在其内部存储执行逻辑控制、顺序控制、定时、计数和算术运算等操作的指令，并能通过数字或模拟的输入和输出，控制各种类型的机械或生产过程。其具有运行稳定、可靠性高、抗干扰能力强，设计、使用和维护方便等特点，在各种工业控制过程中得到了非常广泛的应用。本章以西门子 SIMATIC S7－200 小型机为主介绍可编程序控制器的基本结构、基本指令及其应用。

学习本章后，应能：

- 掌握西门子 PLC200 的基本指令集；
- 掌握西门子 PLC 的梯形图编程方法，并能根据指定任务设计 PLC 控制系统。

7.1 概述

在过去，继电接触器控制系统因具有结构简单、设计方法容易掌握、价格便宜等优点而获得了广泛的应用，但是由于继电接触器控制系统使用的是机械触点，因而在频繁的使用过程中，其会影响系统的可靠性。同时若改变生产过程，继电接触器控制系统就要重新设计、安装，从而增加了重新设计控制系统的时间和费用。在 20 世纪 60 年代，美国通用汽车公司（GM）为了适应汽车制造业的激烈竞争，提出对新的汽车生产流水线控制系统的技术要求，归纳起来是：

（1）编程方便，可现场修改程序；

（2）维修方便，采用插件式结构；

（3）可靠性高于继电接触控制装置；

（4）体积小于继电器控制柜；

（5）数据可直接送入管理计算机；

（6）扩展时原系统改变小；

（7）成本可与继电控制系统竞争。

1969 年，美国数字设备公司（DEC）研制出了符合通用公司要求的"编程方便、维护便利、可靠性高、体积小、易于扩展"的世界上第一台可编程序控制器，并在通用公司汽车生产线上获得成功，这标志着一种新型工业控制装置的问世。它不仅具有逻辑控制的功能，而且具有定时、计数等功能，当控制对象或生产工艺流程需要改变时，仅通过改变程序即可做到，而不必重新设计和安装控制系统。

PLC 比较公认的定义是："可编程序控制器是一种数字运算操作的电子系统，专为工业环境而设计。它采用了可编程序的存储器，用来在其内部存储逻辑运算、顺序控制、定时、计数和算术运算等操作的指令，并通过数字式或模拟式的输入和输出，控制各种类型机械的生产过程；而有关的外围设备，都应按易于与工业系统连成一个整体，易于扩充其功能的原则设计。"该定义说明了 PLC 的三个重要概念：① PLC 是什么？② PLC 具备什么功能（能干什么）？③ PLC 及其控制系统的设计原则。也就是说，PLC 是"数字运算操作的电子系统"，即一种计算机，是一种"专为在工业环境而设计"的工业计算机。PLC 编程方便，能完成逻辑运算、顺序控制、定时、计数和算术运算等操作，具有"数字式或模拟式的输入和输出"，易于与工业系统连成一个整体，易于扩充。

近年来，随着技术的发展和市场需求的增加，PLC 的结构和功能正在不断改进和完善。现代可编程序控制器总的发展趋势是集成度高、体积小、容量大、速度高、易使用、高性能、信息化、标准化、与工业现场总线紧密结合等。

（1）发展微小型 PLC，使其体积更小、速度更快、功能更强、价格更低、配置更加灵活，其组成由整体结构向小型模块化结构发展，增加了配置的灵活性。

（2）发展大型 PLC，使其具有大型网络化、高可靠性、多功能、高速度、大容量、信息化、兼容性好等特点。网络化和强化通信能力是 PLC 发展的一个重要方面。

（3）发展智能化 I/O 模块，即开发本身带 CPU 的输入/输出（I/O）模块，以减少占用主 CPU 的计算时间，提高整个 PLC 系统的性能。

（4）提高开放性和标准化水平。由于各个 PLC 制造商的产品没有统一标准，这使 PLC 产品存在一定的差异，影响了用户的使用，从而使得程序的重复使用和可移植性变差。有鉴于此，国际标准化组织制定了 IEC61131－3 PLC 的编程语言标准，现各厂商正尽可能地采用该标准或向该标准靠拢。

现在的可编程序控制器的功能包括：逻辑控制功能、定时/计数控制功能、顺序控制功能、数据处理功能、A/D 与 D/A 转换功能、运动控制功能、过程控制功能、扩展功能、远程控制功能、通信联网功能、监控功能等。

可编程序控制器的基本性能指标如下：

（1）输入/输出点数（I/O 点数）：指可编程序控制器外部 I/O 端子数。

（2）扫描速度：一般指 PLC 执行一条指令的时间，单位为 μs/步。

（3）内存容量：一般指 PLC 存储用户程序的多少。

（4）指令条数：指令条数（指令种类）的多少是衡量 PLC 软件功能强弱的主要指标。

（5）内部寄存器：内部寄存器的配置情况是衡量 PLC 硬件功能的一个指标。

（6）高功能模块：将高功能模块与主模块搭配，可实现一些特殊功能。常用的高功能模块有 A/D 模块、D/A 模块、高速计数模块、位置控制模块、通信模块、高级语言编辑模块等。

可编程序控制器按控制规模分为小型机、中型机和大型机：

（1）小型机：I/O 点数在 128 以下，内存容量为几 KB，具有逻辑运算、定时、计数等功能，适用于开关量控制的场合。

（2）中型机：I/O 点数为 128～512，内存容量为几十 KB，除具有小型机的功能外，还增加了数据处理功能，并可配置模拟量 I/O 模块，适用于小规模综合控制系统。

（3）大型机：I/O 点数为 512～896，内存容量为几百 KB。

（4）超大型机：I/O 点数在 896 以上，内存容量在 1 000 KB 以上。

西门子各系列 PLC 的实物如图 7.1.1 所示。

图 7.1.1　西门子各系列的 PLC 实物

7.2　可编程序控制器的基本结构和工作原理

7.2.1　可编程序控制器的基本结构

可编程序控制器实质上是一种工业控制专用计算机，其组成与一般计算机基本相同。PLC 主要由中央处理器、存储器、输入单元、输出单元、电源等部分组成，其组成结构如图 7.2.1 所示。

图 7.2.1　整体式 PLC 的基本结构

对于整体式 PLC，所有部件都封装在同一机箱内，如图 7.2.1 所示；对于组合式 PLC，各功能部件分别独立封装，通过总线相互连接，安装在机架的插槽内，其组成结构如图 7.2.2 所示。

图 7.2.2　组合式 PLC 的结构

（1）中央处理器 CPU。和一般微机一样，CPU 是 PLC 的运算和控制核心，由运算器、控制器和寄存器等组成，通过地址总线、数据总线和控制总线与存储器、I/O 接口电路连接。CPU 主要完成从存储器中读取指令、执行指令、处理中断和自诊断功能。

（2）存储器。存储器用来存放系统程序和用户程序。系统程序是指完成 PLC 各种控制功能的程序，由制造厂家编写，一般固化到只读存储器（ROM）中；用户程序是使用者根据所控制的生产过程和工艺要求编写的程序，由用户通过编程装置输入到读写存储器（RAM）中，用户程序允许修改。

（3）I/O 接口。I/O 接口是 PLC 主机与外部设备之间的连接电路。为了提高抗干扰能力，一般 I/O 接口均有光电隔离电路。其中输入现场信号主要指开关、按钮、行程开关等主令电器的信号。输出模块主要接接触器、指示灯、小功率负载等设备。

（4）电源。PLC 的电源包括系统电源和后备电池。PLC 一般使用 220 V 交流电源，电源模块的作用就是将外部输入的交流电经过整流、滤波、稳压电路转换成 PLC 的 CPU、存储器、I/O 接口等内部电路所需要的直流电源。

（5）编程器。编程器是人-机对话的工具，用来输入、修改和调试用户程序、监视 PLC 的运行情况、调整内部寄存器的参数等。目前，许多 PLC 都可以利用一条通信电缆与计算机的串行口相连，配以厂家提供的编程软件，进行用户程序的输入和调试。

（6）其他接口电路。为了扩展 PLC 的功能，除 I/O 接口外，PLC 还配置了其他一些接口，主要有用于扩展接口模块、智能 I/O 接口（如位置闭环控制模块、PID 调节器的闭环控制模块、高速计数器模块等）、通信接口、A/D、D/A 接口等。

7.2.2　可编程序控制器的工作原理

任何一个继电接触器控制系统从功能上都可以分为三个基本部分，如图 7.2.3 所示。

（1）输入部分：来自被控对象的各种开关信息或操作命令，用以向系统送入控制信号，如控制按钮、行程开关，传感器信号等。

（2）控制部分：按照被控对象和生产工艺流程要求动作的各种继电器、接触器控制线路。

（3）输出部分：用以控制生产机械和生产过程中的各种被控对象，如接触器、电磁阀等执行机构。

图 7.2.3　继电接触器控制系统的基本结构

可编程序控制器根据工作原理同样由三个部分组成，如图 7.2.4 所示。其输入与输出部分与继电器控制线路相同，而控制部分是微处理器、程序存储器和写入到 PLC 程序存储器中的控制程序，这些程序也是按照被控对象和生产工艺流程的要求而编写的。显然若改变生产工艺流程，只需改变控制程序即可。

图 7.2.4　PLC 控制系统的基本结构

PLC 连续执行用户程序、完成控制功能是以扫描工作方式进行的。所谓扫描工作方式，即 CPU 从程序段的第一句顺序读取顺序执行，直至最后一句。CPU 在扫描周期中，要完成的任务包含输入处理、执行程序、处理通信请求、执行 CPU 自诊断测试和输出处理等几个阶段。

（1）输入处理阶段：每次扫描周期开始时，先读取数字输入点（即输入接口电路）的当前值，然后把这些值写到输入映像寄存器中。

（2）执行程序：在扫描周期的执行程序阶段里，CPU 执行程序是从第一条指令开始，直到最后一条指令结束。

（3）处理通信请求：在扫描周期的信息处理阶段，CPU 处理从通信端口接收到的信息。

（4）执行 CPU 的自诊断测试：在扫描周期中，CPU 检查其硬件，以及用户存储器（仅在 RUN 模式下），它也检查所有的 I/O 模块的状态。

（5）输出处理阶段：在每个扫描周期的结尾，CPU 把存在输出映像寄存器中的数据写到数字输出点（即输出接口电路）。

（6）扫描周期中断：当中断事件发生时，CPU 以异步扫描方式为用户中断服务。当中断发生时根据中断优先级来处理中断。

在 PLC 扫描周期中，对用户理解编程最重要的是输入处理阶段、执行用户程序和输出处理阶段这三个阶段。从前面介绍的 CPU 的工作方式可以看出，PLC 是按集中输入、集中输出，周期性循环扫描的方式工作的。在输入采样阶段，扫描所有输入端子，将各输入状态存入对应的输入寄存器中，并刷新输入映像寄存器，接着系统进入用户编制的用户程序的执行阶段，此时无论输入信号如何变化，输入映像寄存器的内容保持不变，直到下一个扫描周期的输入采样阶段才重新更新。在用户程序执行阶段，程序按照从左到右、从上到下的顺序依次执行。当指令涉及输入/输出状态时，CPU 分别从输入和输出映像寄存器读入相应状态的值，并将最新运算结果立即存入相应的映像寄存器。对相应的寄存器，其状态值会随着程序的执行而不断被刷新。在执行完用户程序后，CPU 将映像寄存器中涉及的输出状态，按一定方式集中输出到输出锁存器，经输出端子驱动外部负载。因此，PLC 的输入/输出处理的原则为：

（1）输入映像寄存器的数据取决于外部各输入点在上一刷新周期的状态；

（2）用户程序执行的结果取决于用户程序和输入/输出映像寄存器和其他寄存器的内容；

（3）输出映像寄存器的数据取决于最后一句输出指令的计算结果；

（4）输出锁存器的数据由上一次输出刷新周期时的输出映像寄存器的结果决定；

（5）输出端子的接通/断开状态由输出锁存器决定。

7.3 S7−200 CPU 存储器的数据类型及寻址方式

可编程序控制器的指令和数据在存储器中是按照一个一个存储单元存放的，操作数是根据其数据类型分类存放、分类查找的。不同的机型有不同的存储范围和寻找存储数据的寻址方式。本章以 SIMATIC S7−200 机型中 CPU 224 这种小型机为例，介绍存储器的数据类型和寻址方式。

7.3.1 CPU 存储器的有效范围

存储器以二进制方式存储所有常数，并可用十进制、十六进制、ASCII 码或浮点数形式来表示，不同数据有不同的格式和大小，可以按字节、字、双字进行存储。

表 7.1 给出了 SIMATIC S7−200 机型中，CPU 224 这种小型机的存储器的范围。它包括用户程序和用户数据的存储空间；输入、输出映像寄存器的存储范围；模拟量输入、输出的地址范围；变量存储器等的存储范围。通常，14 路数字量输入，10 路数字量输出；用户程序空间（可永久保存）4 096 字，数据块空间（可永久保存）2 560 字；内部存储器 256 位（其中可永久保存的为 112 位）；定时器总数为 256；计数器总数为 256。

表 7.1　CPU 224 存储器的范围

描　　述	CPU 224
用户程序的大小	4 096 字
用户数据的大小	2 560 字
输入映像寄存器	I 0.0～I 15.7
输出映像寄存器	Q 0.0～Q 15.7
模拟量输入（只读）	AIW 0～AIW 30
模拟量输出（只写）	AQW 0～AQW 30
变量存储器（V）	V 0.0～V 5119.7
局部存储器（L）	L 0.0～L 63.7
位存储器（M）	M 0.0～M 31.7
特殊存储器（SM） 只读	SM 0.0～SM 179.7 SM 0.0～SM 29.7

描　　述	CPU 224
定时器 T	256（T0～T 255）
有记忆接通延迟　1 ms	T0，T64
有记忆接通延迟　10 ms	T1～T4，T65～T68
有记忆接通延迟　100 ms	T5～T31，T69～T95
接通/关断　延迟　1 ms	T32，T96
接通/关断　延迟　10 ms	T33～T36，T97～T100
接通/关断　延迟　100 ms	T37～T63，T101～T255
计数器 C	C0～C255
顺序控制继电器（S）	S0.0～S31.7
累加寄存器 AC	AC0～AC3
跳转/标号	0～255
调用/子程序	0～63
中断程序	0～127

表 7.2 给出了 SIMATIC S7-200 机型中，CPU 224 小型机各类寄存器分别按位、字节、字和双字存取的操作数范围。

表 7.2　CPU224 操作数的范围

位存取（字节、位）	字节存取	字存取	双字存取
V　0.0～5 119.7	VB　0～5 119	VW　0～5 118	VD　0～5 116
I　0.0～15.7	IB　0～15	IW　0～14	ID　0～12
Q　0.0～15.7	QB　0～15	QW　0～14	QD　0～12
M　0.0～31.7	MB　0～31	MW　0～30	MD　0～28
SM　0.0～179.7	SMB　0～179	SMW　0～178	SMD　0～176
S　0.0～31.7	SB　0～31	SW　0～30	SD　0～28
L　0.0～63.7	LB　0～63	LW　0～62	LD　0～60
T　0～255		T　0～255	
C　0～255		C　0～255	
	AC　0～3	AC　0～3	AC　0～3
		AIW　0～30	
		AQW　0～30	
	常数	常数	常数

7.3.2　SIMATIC S7 – 200 CPU 存储器的寻址方式

在 SIMATIC S7 – 200 PLC 中，CPU 存储器的寻址方式分为直接寻址和间接寻址两种不同的形式。所谓直接寻址方式，即存储单元中的内容就是操作数，而间接寻址方式，是在存储单元中放置一个地址指针，按照这一地址找到的存储单元中的数据，才是所要存取的操作数，这相当于间接地取得数据。这里主要介绍直接寻址方式。

若要存取存储器区域的某一位，则必须指出地址，包括存储器标识符、地址及位号。地址可以按照字节（B）、字（W）或双字（D）来表示存储器区域（V、I、Q、M及 SM）中的数据。图 7.3.1 所示是一个寻址的例子，它是按"字节、位"的方式进行寻址的。

图 7.3.1　存取 CPU 存储器中的位数据（"字节、位"寻址）

图 7.3.2 表示了字节、字和双字对同一地址存取操作的比较。

图 7.3.2　字节、字和双字对同一地址存取操作的比较

存储器的直接寻址都可以按位、字节、字或双字来进行，如下所述。

1）输入映像寄存器（I）寻址

在每个扫描周期的开始，CPU 对输入点进行采样，并将采样值存于输入映像寄存器中。输入映像寄存器的地址可表示为：I0.1，IB4，IW5，ID10。

2）输出映像寄存器（Q）寻址

在每次扫描周期的结尾，CPU 将输出映像寄存器的数值并将之复制到物理输出点上。输出映像寄存器的地址可表示为：Q1.1，QB5，QW4，QD12。

3）变量存储器（V）区寻址

对于存储程序执行过程中控制逻辑操作的中间结果，也可以使用 V 存储器来保存与工序或任务相关的其他数据。V 存储器的地址可表示为：V10.2，VB30，VW100，VD15。

4）位存储器（M）区寻址

可以使用内部存储器标志位（M）作为控制继电器存取中间操作状态或其他的控制信息。M 存储器的地址可表示为：M26.7，MB6，MW16，MD20。

5）特殊存储器（SM）标志位

SM 位提供了 CPU 和用户程序之间传递信息的方法。可以使用这些位选择和控制 SIMATIC S7 - 200 CPU 的一些特殊功能。常用特殊存储器（SM）的位信息见表 7.3。

表 7.3 常用特殊存储器的位信息

SM0.0	该位始终为 ON（1）
SM0.1	首次扫描为 ON（1），常用以初始化程序
SM0.2	保持数据丢失时为 ON 一个扫描周期，可用作错误存储器位
SM0.3	开机进入 RUN 时 ON 一个扫描周期，可在不断电的情况下代替 SM0.1 的功能
SM0.4	时钟脉冲：30 s 闭合/30 s 断开
SM0.5	时钟脉冲：0.5 s 闭合/0.5 s 断开
SM0.6	扫描始终脉冲：闭合一个扫描周期/断开一个扫描周期
SM0.7	开关放置在 RUN 位置时为 ON，在 TERM 位置时 OFF，常用在自由串行通信处理中

6）定时器存储器（T）区寻址

定时器是累计时间增量的设备。它有两个相关的变量：

（1）当前值：16 位符号整数，存取定时器所累计的时间。

（2）定时器位：定时器的当前值大于预设值时，该位置为"1"，否则为"0"。可以使用定时器地址（T+定时器号）来存取这些变量。如"T3"，其含义如图 7.3.3 所示。

定时器位表示了定时器所处的状态，即是高电平"1"还是低电平"0"；定时器的当前值表示了当前累计的时间。

7）计数器存储器（C）区寻址

计数器是累计其输入端脉冲电平由低到高的次数。与计数器相关的变量有两个：

（1）当前值：16 位符号整数，存储累计脉冲数；

（2）计数器位：当计数器的当前值大于或等于预设值时，此位置为"1"，否则为"0"。可以使用计数器地址（C+计数器号）来存取这些变量。如"C3"，其含义如图 7.3.4 所示。

图 7.3.3 "T3"的含义　　　　图 7.3.4 "C3"的含义

计数器位表示了计数器所处的状态，即是高电平"1"还是低电平"0"；计数器的当前值表示了当前累计的数值。

7.4 可编程序控制器的基本指令和编程方法

可编程序控制器的工作过程依据一连串的控制指令，这些指令就是常说的编程语言。目前可编程序控制器的编程语言有梯形图、语句表、功能块图和计算机高级语言等多种。一般小型机多使用梯形图、语句表和功能块图。

语句表是通过指令助记符创建控制程序，类似计算机汇编语言，它更适合有经验的程序员，如：

```
LD   I0.0
LD   I0.1
LD   I2.0
AN   I2.1
OLD
ALD
  = Q0.0
```

图 7.4.1 功能块图

功能块图又称逻辑盒指令，它沿用了半导体逻辑电路的逻辑方框图。对每种功能都使用一个运算方法，其运算功能由方框块内的符号确定，如图 7.4.1 所示。

梯形图是一种图形语言，它是以继电器控制系统的电气原理图为基础演变而来的。与传统继电器控制电路的电气原理图相似，它仍沿用继电器的触点和线圈等符号，均是通过触点的开、闭组合控制线圈的通电、断电，从而实现对生产机械运行的控制。图形表示易于理解，易于初学者使用，而且全世界通用，这是本章重点介绍的内容。

梯形图有如下特点：梯形图中的继电器、定时器等"电器"不是物理意义上的那种电磁继电器，而是 PLC 机内部的电子电路构成的寄存器（或存储器）单元，常称为"软继电器"。它是根据计算机对信息的"存－取"原理来读出寄存器的状态（高电平"1"或低电平"0"）或在一定条件下改变它的状态。当读出寄存器的状态为高电平或低电平时，相当于继电器触点的通与断；而改变寄存器的状态，相当于继电器线圈的通电与断电。

软继电器线圈一般用"—( )"符号表示，其常开触点用"—┤├—"符号表示，常闭触点用"—┤/├—"符号表示。对于长动控制线路，其对应的梯形图如图 7.4.2 所示。

图 7.4.2 长动控制线路对应的梯形图

需要注意的是，PLC 的外部接线中，I0.1 对应的停止按钮 SF₂ 接为常闭形式。

在梯形图中，没有真实的电流流动，为了便于分析 PLC 的周期扫描原理以及控制信息在存储空间中的分布情况，假设在梯形图中有"电流"流动，为了区别于真实的电流，称之为"能流"。能流在梯形图中只能单方向流动，即从左到右流动，并且按"先上后下"的顺序从左到右流动，不会产生反流。在梯形图中，最左边的竖线称为起始母线，触点、线圈及母线的连接线称为逻辑线，在右侧，也应想象有一条虚拟的终止母线。若与母线相连的触点闭合，可以使能量流流过该器件，到下一个器件，最后汇入终止母线，若触点打开将阻止能流通过。在随后的 MOV 等指令中的 ENO，起的就是能量流的作用。

画梯形图的要求如下：

（1）每一个逻辑行必须从起始母线画起；

（2）软继电器线圈不能直接接在左边的母线上；

（3）在梯形图中软继电器线圈只能使用一次，而其触点可以使用的个数是无限的；

（4）梯形图必须按照计算机执行程序时的顺序依次画出。

7.4.1　位逻辑指令

位逻辑指令是对存储器指定的位地址进行操作的系列逻辑指令。

1. PLC 触点类型

1）常开、常闭触点

常开触点的梯形图如图 7.4.3 所示。

bit 是存储器中指定的地址位。常开触点断开时，对应的存储器地址位（bit）为 0，当常开触点闭合时，对应的存储器地址位（bit）为 1。

常闭触点的梯形图如图 7.4.4 所示。

常闭触点闭合时，对应的存储器地址位（bit）为 0，当常闭触点断开时，对应的存储器地址位（bit）为 1。这些指令是从指定的存储器或映像寄存器中（又称操作数）读取数值。操作数 bit：I、Q、M、SM、T、C、V、S、L。

2）立即常开、常闭触点

立即常开触点的梯形图如图 7.4.5 所示。

| 图 7.4.3　常开触点的梯形图 | 图 7.4.4　常闭触点的梯形图 | 图 7.4.5　立即常开触点的梯形图 |

立即常闭触点梯形图如图 7.4.6 所示。

立即常开触点、立即常闭触点是为了使输入响应更快，允许对实际输入点直接存取。在程序中遇到立即常开触点、立即常闭触点时，CPU 绕过输入映像寄存器，直接读入输入点的通/断状态作为程序处理的根据，但不对输入映像寄存器作刷新处理。操作数 bit：I。

2. 输出指令

1）输出指令

输出指令的梯形图如图 7.4.7 所示。

当执行输出指令时，新值被写入存储器的指定地址位（bit），在每次扫描周期的最后，

CPU 才以批处理的方式将输出映像寄存器中的内容传送到输出点，使输出被接通（可等效为"继电器"线圈有电）。操作数 bit：Q、M、SM、T、C、V、S、L。

2）立即输出指令

立即输出指令的梯形图如图 7.4.8 所示。

图 7.4.6　立即常闭触点梯形图　　图 7.4.7　输出指令的梯形图　　图 7.4.8　立即输出指令的梯形图

图 7.4.9　输入输出指令举例

（a）梯形图；（b）时序图

立即输出指令允许对实际输出点直接存取，除相应的输出映像寄存器被更新外，还立即将其内容传送到实际输出点，即直接以结果驱动实际输出而不等待每次扫描周期的结束。立即输出指令比一般指令占用 CPU 的时间长，故不要盲目地多用类似指令。操作数 bit：Q。

对于图 7.4.9（a）所示的梯形图，对应的时序图如图 7.4.9（b）所示。

当 I0.0 与 I0.1 的常开触点均闭合时，接通输出 Q0.0。

3. 取非指令

取非指令的梯形图如图 7.4.10 所示。

这条指令是将逻辑结果取反。对于图 7.4.11（a）所示的梯形图，对应的时序图如图 7.4.11（b）所示。

可以看出，由于取非指令的存在，输出的状态相反，即当 I0.0 触点断开时，接通输出 Q0.1，而当 I0.0 触点闭合时，断开输出 Q0.1。

图 7.4.11　取非指令举例

图 7.4.10　取非指令的梯形图

4. 正、负跳变指令

1）正跳变指令

正跳变指令的梯形图如图 7.4.12 所示。

当正跳变触点检测到有一次正跳变（从 off 到 on）之后，则使输出接通一个扫描周期。

2）负跳变指令

负跳变指令的梯形图如图 7.4.13 所示。

图 7.4.12　正跳变指令的梯形图

图 7.4.13　负跳变指令的梯形图

当负跳变触点检测到有一次负跳变（从 on 到 off）之后，则使输出接通一个扫描周期。对于图 7.4.14（a）所示的梯形图，对应的时序图如图 7.4.14（b）所示。

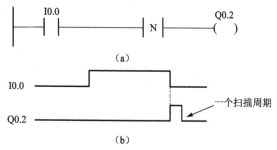

图 7.4.14　跳变指令举例

7.4.2　置位和复位指令

1. 置位指令

置位指令的梯形图如图 7.4.15 所示。

置位指令（置 1）是从 bit 指定的地址位开始的 N 个点被置位，直至复位指令到来才能复位。被置位点数 N 的范围是 1～255。

2. 复位指令

复位指令的梯形图如图 7.4.16 所示。

复位指令（置 0）是从 bit 指定的地址位开始的 N 个点被复位，通常复位指令与置位指令配合使用或与有记忆接通延时定时器联合使用（详见"定时器"这一节）。被复位点数 N 的范围是 1～255。置位、复位指令的操作数如下：

（1）bit：I、Q、SM、T、C、V、S、L。

（2）N：VB、IB、QB、MB、SMB、SB、LB、AC、常数。

3. 立即置位指令

立即置位指令的梯形图如图 7.4.17 所示。

```
        bit                      bit                      bit
————( S )              ————( R )              ————( SI )
        N                        N                        N
```

图 7.4.15　置位指令的梯形图　　　图 7.4.16　复位指令的梯形图　　　图 7.4.17　立即置位指令的梯形图

当执行该指令时，新值 1 被同时写到物理输出点和相应的映像寄存器（bit），即 N 个物理输出点被立即置位，点数 N 的范围为 1～128。操作数 bit：Q。操作数 N：同上。

4. 立即复位指令

立即复位指令的梯形图如图 7.4.18 所示。

当执行该指令时，新值 0 被同时写到物理输出点和相应的映像寄存器，即 N 个物理输出点被立即复位，点数 N 的范围为 1～128。操作数同上。

```
        bit
————( RI )
        N
```

图 7.4.18　立即复位指令的梯形图

对于图 7.4.19（a）所示的梯形图，对应的时序图如图 7.4.19（b）所示。

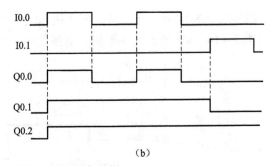

（a）　　　　　　　　　　　（b）

图 7.4.19　复位、置位指令举例

7.4.3　定时器及计数器指令

1. 定时器指令

1）接通延时定时器（TON）

接通延时定时器的梯形图如图 7.4.20 所示。

**图 7.4.20　接受延时
定时器的梯形图**

其中，T×××为定时器编号，IN 为定时器使能输入端，PT 为定时器的预设值端。每个定时器均有一个 16 位（bit）当前值寄存器及一个 1 位（bit）的状态位（反映其触点的状态）。当使能输入端接通时，接通延时定时器开始计时，当定时器（T×××）的当前值大于等于预设值时，该定时器的状态位被置 1（即触点的状态发生改变），但定时器继续计时，一直计到最大值 32 767，并保持状态位，直到使能输入端断开，清除接通延时定时器的当前值，定时器才复位。

定时器有三种分辨率，分别为 1 ms 分辨率、10 ms 分辨率和 100 ms 分辨率。其意义如下：

（1）1 ms 分辨率：1 ms 定时器对定时器启动后的 1 ms 间隔进行计数。

（2）10 ms 分辨率：10 ms 定时器对定时器启动后的 10 ms 间隔进行计数。

（3）100 ms 分辨率：100 ms 定时器对定时器启动后的 100 ms 间隔进行计数。

定时器的定时时间 = 定时器的预设值（PT）× 定时器的分辨率。

操作数 PT：VW、IW、QW、MW、SW、SMW、LW、T、C、AC、常数。

对于图 7.4.21（a）所示的梯形图，对应的时序图如图 7.4.21（b）所示。

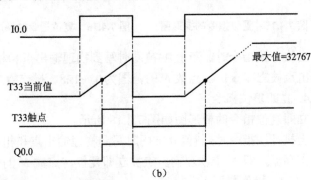

（a）　　　　　　　　　　　（b）

图 7.4.21　定时器举例 1

（a）梯形图；（b）时序图

在这个例子中，当 I0.0 触点闭合时，T33 开始计数（数时基脉冲），计时到设定值 PT＝3 （30 ms）时，T33 状态位置 1，其常开触点接通，驱动 Q0.0 有输出；其后定时器当前值仍增加，但不影响状态位。当 I0.0 断开时，T33 复位，当前值清 0，状态位也清 0。若 I0.0 的触点闭合时间未到定时器的设定值就断开了，则 T33 跟随复位，Q0.0 不会有输出。

2）有记忆接通延时定时器（TONR）

有记忆接通延时定时器的梯形图如图 7.4.22 所示。

图 7.4.22　有记忆接通延时定时器的梯形图

对于有记忆接通延时定时器，当使能输入端 IN 接通时，定时器开始计时；当使能输入端断开时，该定时器保持当前值不变；当使能输入端再接通时，则定时器从原保持值开始再往上加，当定时器的当前值大于等于预设值时，定时器的状态位置 1（但定时器继续计时，一直计到最大值 32 767），以后即使输入端再断开，定时器也不会复位，若要定时器复位必须用复位指令（R）清除其当前值。操作数同接通延时定时器。

对于图 7.4.23（a）所示的梯形图，对应的时序图如图 7.4.23（b）所示。

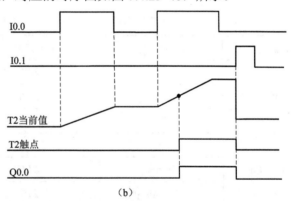

图 7.4.23　定时器举例 2

（a）梯形图；（b）时序图

当 T2 定时器的 IN 端接通时，T2 开始计时直到 T2 的当前值等于 10（100 ms），这时 T2 的触点闭合，使 Q0.0 被接通。直到 I0.1 触点闭合，使 T2 复位，Q0.0 被断开，同时 T2 的当前值被清零。

3）断开延时定时器（TOF）

断开延时定时器的梯形图如图 7.4.24 所示。

图 7.4.24　断开延时定时器的梯形图

断开延时定时器（TOF）用来在输入断开延时一段时间后，才断开其输出。当使能输入端 IN 接通时，定时器立即接通，并把当前值设为 0。当使能输入端断开时，定时器开始定时，直到达预设的时间，定时器才断开输出，并停止计时当前值。若输入断开的时间小于预设时间，定时器仍保持接通。当 IN 端再接通时，定时器当前值仍设为 0。操作数同接通延时定时器。

对于图 7.4.25（a）所示的梯形图，对应的时序图如图 7.4.25（b）所示。

以上介绍的三种定时器具有不同的功能。接通延时定时器（TON）用于单一间隔的定时；有记忆接通延时定时器（TONR）用于累计时间间隔的定时；断开延时定时器（TOF）用于故障事件后的时间延时。

图 7.4.25　定时器举例 3

（a）梯形图；（b）时序图

TON、TONR、TOF 定时器的分辨率见表 7.4。

表 7.4　TON、TONR、TOF 定时器的分辨率

定时器类型	分辨率/ms	最大定时值/s	定时器号
TONR	1 ms	32.767 s	T0、T64
	10 ms	327.67 s	T1－T4、T65－T68
	100 ms	3 276.7 s	T5－T31、T69－T95
TON、TOF	1 ms	32.767 s	T32、T96
	10 ms	327.67 s	T33－T36、T97－T100
	100 ms	3 276.7 s	T37－T63、T101－T255

图 7.4.26　加计数器

指令的梯形图

注意：不能把一个定时器同时用作 TOF 和 TON，例如，不能既有 TON T32 又有 TOF T32。

三种定时器的操作数均相同。

2. 计数器指令

1）加计数器指令（CTU）

计数器指令的梯形图如图 7.4.26 所示。

其中，C×××为加计数器编号，CU 为加计数器的输入端，PV 为加计数器的预置数端，R 为加计数器的复位端。每个加计数器有一个 16 位的当前值寄存器及一个状态位。对于加计数器，在 CU 输入端，每当一个上升沿到来时，计数器当前值加 1，直至计数到最大值（32 767）。当当前计数值大于或等于预置计数值（PV）时，该计数器状态位被置位（置 1），计数器的当前值仍被保持。如果在 CU 端仍有上升沿到来，计数器仍计数，但不影响计数器的状态位。当复位端（R）置位时，计数器被复位，即当前值清零，状态位也清零。

对于图 7.4.27（a）所示的梯形图，对应的时序图如图 7.4.27（b）所示。

当计数器 C50 对 CU 输入端（I0.0）的脉冲累加值达到 3 时，计数器的状态位被置 1，C50

常开触点闭合，使 Q0.0 被接通。直至 I0.1 触点闭合，使计数器 C50 复位，Q0.0 被断开。

图 7.4.27　计数器举例 1

（a）梯形图；（b）时序图

2）减计数器指令（CTD）

减计数器指令的梯形图如图 7.4.28 所示。

其中，C××× 为减计数器编号，CD 为减计数器的输入端，PV 为减计数器的预置数端，LD 为减计数器的复位端。每个减计数器有一个 16 位的当前值寄存器及一个状态位。对于减计数器，在 CD 输入端，每当一个上升沿到来时，计数器当前值减 1，当当前计数值等于 0 时，该计数器状态位被置位（置 1），计数器停止计数。如果在 CD 端仍有上升沿到来时，计数器仍保持为 0，且不影响计数器的状态位。当复位端（LD）置位时，计数器被复位，即减计数器被装入预设值（PV），状态位被清零。

图 7.4.28　减计数器指令的梯形图

对于图 7.4.29（a）所示的梯形图，对应的时序图如图 7.4.29（b）所示。

图 7.4.29　计数器举例 2

（a）梯形图；（b）时序图

当 I0.1 触点闭合时，给 C55 复位端（LD）一个复位信号，使其状态位为 0，同时 C55 被装入预设值（PV）3。当 C55 的输入端累计脉冲达到 3 时，C55 的当前值减到 0，使状态位置 1，接通 Q0.0，直至 I0.1 触点再闭合。

3）加/减计数器指令（CTUD）

加/减计数器指令的梯形图如图 7.4.30 所示。

C×××

CU CTUD
CD
R
PV

图 7.4.30 加/减计数器
指令的梯形图

加/减计数器（CTUD）兼有加计数器和减计数器的双重功能，当 CU 输入端的每一个上升沿到来时，计数器当前值加 1，当当前值大于或等于预置计数值（PV）时，计数器状态位被置位；当 CD 输入端的每一个上升沿到来时，计数器当前值减 1。当当前计数值小于预设值（PV）时，计数器状态位被复位。当复位端（R）被置位时，计数器复位。由于每个计数器只有一个当前值，所以不要把一个计数器号分配给几个类型的计数器。

三种计数器的操作数均为：

（1）CU、R、LD、CD：I、Q、M、SM、T、C、V、S、L。

（2）PV：VW、IW、QW、MW、SMW、LW、AIW、AC、T、C、SW、常数。

对于图 7.4.31（a）所示的梯形图，对应的时序图如图 7.4.31（b）所示。

图 7.4.31 计数器举例 3
（a）梯形图；（b）时序图

当加/减计数器 C60 的加输入端 CU（I0.0）来过 4 个上升沿后，C60 的状态位被置 1，再有上升沿到来，C60 继续累加，而状态位不变。当 C60 的减输入端 CD（I0.1）有上升沿到来时，C60 执行减计数，若 C60 的当前值小于预设值 4，则 C60 状态位复位，但 C60 的当前值不变，直到复位端 R（I0.2）的信号到来，C60 当前值被清零，状态位复位。Q0.0 与 C60 的状态位具有相同的状态。

7.4.4 传送指令

传送指令是将数据从输入端传送到输出端，可以对字节、字、双字和实数进行传送。

1. 字节、字、双字和实数的传送指令

字节、字、双字和实数的传送指令的梯形图如图 7.4.32 所示。

其中，MOV 为传送指令符号，□表示数据类型。数据类型有：字节（B）、字（W）、双字（D）、实数（R）。EN 为使能端，即当 EN 前面的逻辑条件满足时，才能进行数据传送。IN 是所要传送的数据输入端。OUT 是数据传输的输出端。字节、字、双字和实数的传送指令是把输入数据（IN）传送到输出端（OUT），在传送过程中不改变数据的大小。

ENO 是指令梯形图中的布尔量输出，如果指令的梯形图中的输入有能流，而且执行没有错误，ENO 输出就把能流传到下一个指令。如执行有错误，则停止程序的执行，ENO 可以作为允许位表示指令成功执行。同时 ENO 也为出错或溢出等标志位的输出，它影响特殊存储器位 SM。例如：结果为 0，将 SM1.0（零）置 1；结果溢出或查出非法数值时，将 SM1.1（溢出）置 1；结果负数，将 SM1.2（负）置 1；除以 0 时，将 SM1.3（被 0 除）位置 1。以下 ENO 均具有同样的含义。

操作数 IN：V、I、Q、M、S、SM、AC、常数。以下指令基本具有相同的操作数，故不再赘述。

2. 字节、字和双字的块传送指令

字节、字和双字的块传送指令的梯形图如图 7.4.33 所示。

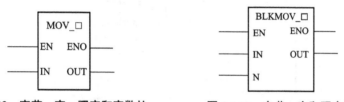

图 7.4.32　字节、字、双字和实数的
传送指令的梯形图

图 7.4.33　字节、字和双字的
块传送指令的梯形图

其中，BLKMOV 为块传送指令符号，□表示传送数据类型。数据类型有：字节（B）、字（W）、双字（D）。块传送指令是将输入端（IN）指定的 N 个单元数据传送到输出端（OUT）指定的 N 个单元中。N 可取 1～255。

【例 7.1】已知 VB50＝29，VB30＝40，VB31＝51，VB32＝63。试编制程序，将 VB50 中的数据传送到 AC0，将 VB30、VB31、VB32 中的数据分别传送到 VB100、VB101 及 VB102 中。

【解】梯形图如图 7.4.34（a）所示，程序执行后，其结果如图 7.4.34（b）所示。

（a）　　　　　　　　　　　　　　　　（b）

图 7.4.34　数据传送指令举例

（a）梯形图；（b）执行结果

7.4.5 比较指令

比较指令用来在指定的条件下，比较两个值 IN1 和 IN2 的大小，条件成立时，触点闭合。

图7.4.35 比较指令的梯形图

比较条件为："＝＝"等于比较；"＞＝"大于等于比较；"＜＝"小于等于比较；"＞"大于比较；"＜"小于比较；"＜＞"不等于比较。

比较指令的梯形图如图 7.4.35 所示。

其中，××为比较条件， 为比较的数据类型〔字节（B），字（W），双字（D），整数（I），实数（R）〕。操作数（IN1、IN2）的数据类型：I×、Q×、M×、SM×、V×、S×、L×、AC、VD、LD、常数。其中×可以是字节、字、双字、整数及实数。

【例7.2】已知 VB4＝10，VB6＝8，试编制程序，比较 VB4 和 VB6 两数的大小。

【解】梯形图及时序图如图 7.4.36 所示。

图7.4.36 比较指令举例

7.4.6 逻辑操作指令

逻辑操作指令是实现逻辑与、或、异或及取反等操作的指令，其指令梯形图如图 7.4.37 所示。

其中，＊＊＊表示所完成的逻辑操作类型，WAND 表示逻辑与操作，WOR 表示逻辑或操作，WXOR 表示逻辑异或操作，INV 表示逻辑取反操作。 表示数据类型，其可用数据类型为：字符（B）、字（W）、双字（D）。EN 为使能端，即当 EN 前面的逻辑条件满足时，才能进行逻辑运算。IN1、IN2 是进行

图7.4.37 逻辑操作指令的梯形图

逻辑运算的两个数的输入端。OUT 是逻辑运算结果输出端。逻辑指令是对两个输入数按位进行逻辑操作，并将结果输出到 OUT 端。逻辑取反操作指令只有一个输入端。操作数（IN1、IN2）：V、I、Q、M、S、SM、AC、常数。

【例7.3】梯形图如图 7.4.38 所示。已知 AC0＝D3E6H，AC1＝1F6DH，VW100＝D3A0H。

试分析此梯形图。

【解】当 I0.0 触点接通时的，WAND_W 指令将累加器 AC1、AC0 中的两个数按字进行与运算，并将结果输出到 AC2。WOR_W 指令将累加器 AC1 中的数据和变量存储器 VW100 中的数据按字进行或运算，并将结果输出到 VW200。WXOR_W 指令将累加器 AC1、AC0 中的两个数按字进行异或运算，并将结果输出到 AC3。

图 7.4.38　逻辑运算指令举例

7.4.7　移位和循环移位指令

移位和循环移位指令包括：左、右移位及左、右循环移位指令。

1. 移位指令

移位指令的梯形图如图 7.4.39 所示。

其中，***表示所完成的移位操作类型，SHR 表示右移操作，SHL 表示左移操作， 表示数据类型。其可用数据类型为：字节（B）、字（W）、双字（D）。IN 是数据输入端，N 是数据移的位数。这条指令是将输入数（IN）左（或右）移 N 位，再将结果输出到 OUT。移位指令对移出位自动补零，最大可移位数等于数据类型指定的位数。移位和循环移位指令的操作数同逻辑操作指令。

2. 循环移位指令

循环移位指令的梯形图如图 7.4.40 所示。

图 7.4.39　移位指令的梯形图

图 7.4.40　循环移位指令的梯形图

其中，***表示所完成的循环移位操作类型，ROL 表示循环左移操作，ROR 表示循环右

图 7.4.41 移位指令举例

移操作。数据类型（ ）为：字节（B）、字（W）、双字（D）。这条指令是将输入数（IN）循环左（或右）移 N 位，再将结果输出到 OUT。

如果操作数是字节，当移位次数大于或等于 8 时，在执行循环移位前，先对 N 取以 8 为底的模，其结果 0～7 为实际移动位数。

如果操作数是字，当移位次数大于或等于 16 时，在执行循环移位前，先对 N 取以 16 为底的模，其结果 0～15 为实际移动位数。

如果操作数是双字，当移位次数大于或等于 32，在执行循环移位前，先对 N 取以 32 为底的模，其结果 0～31 为实际移动位数。

【例 7.4】设 AC0＝0100 0000 0000 0001，VW200＝1110 0010 1010 1101，梯形图如图 7.4.41 所示，试求出执行梯形图程序以后的 AC0 和 VW200 中值。

7.4.8 整数数学运算指令

1. 整数加法和整数减法运算指令

整数加法运算指令的梯形图如图 7.4.42 所示。

整数减法运算指令的梯形图如图 7.4.43 所示。

整数加法和整数减法运算指令把两个 16 位整数 IN1、IN2 相加或相减，产生一个 16 位的结果送到 OUT 端。

2. 双整数加法和双整数减法运算指令

双整数加法运算指令的梯形图如图 7.4.44 所示。

双整数减法运算指令的梯形图如图 7.4.45 所示。

图 7.4.42　整数加法运算指令的梯形图　　　图 7.4.43　整数减法运算指令的梯形图

图 7.4.44　双整数加法运算指令的梯形图　　　图 7.4.45　双整数减法运算指令的梯形图

双整数加法和双整数减法运算指令把两个 32 位整数 IN1、IN2 相加或相减，产生一个 32 位的结果送到 OUT 端。

3. 整数乘法和整数除法运算指令

整数乘法运算指令的梯形图如图 7.4.46 所示。

整数除法运算指令的梯形图如图 7.4.47 所示。

图 7.4.46　整数乘法运算指令的梯形图　　　图 7.4.47　整数除法运算指令的梯形图

整数乘法运算指令把两个 16 位整数 IN1、IN2 相乘，产生一个 16 位乘积。整数除法运算指令把两个 16 位整数 IN1、IN2 相除，产生一个 16 位商，不保留余数。如果结果大于一个字，就置位溢出位。

4. 双整数乘法和双整数除法运算指令

双整数乘法运算指令的梯形图如图 7.4.48 所示。

双整数除法运算指令的梯形图如图 7.4.49 所示。

图 7.4.48　双整数乘法运算指令的梯形图　　　图 7.4.49　双整数除法运算指令的梯形图

双整数乘法运算指令把两个 32 位整数 IN1、IN2 相乘，产生一个 32 位乘积。双整数除法运算指令把两个 32 位整数 IN1、IN2 相除，产生一个 32 位商，不保留余数。如果结果大于两个字，就置位溢出位。

5. 整数乘法产生双整数和整数除法产生双整数运算指令

整数乘法产生双整数运算指令的梯形图如图 7.4.50 所示。

整数除法产生双整数运算指令的梯形图如图 7.4.51 所示。

图 7.4.50　整数乘法产生双整数运算指令的梯形图　　图 7.4.51　整数除法产生双整数运算指令的梯形图

整数乘法产生双整数运算指令把两个 16 位整数 IN1、IN2 相乘，产生一个 32 位乘积。整数除法产生双整数运算指令把两个 16 位整数 IN1、IN2 相除，IN1 端为被除数端，IN2 端为除数端，产生一个 32 位结果，其中 16 位是余数（最高有效位），16 位是商（最低有效位）。

如果在乘或除的操作过程中 SM1.1（溢出）被置位，其结果就写不到输出端，并且所有其他的状态位被置 0；在作除法操作时，若 SM1.3（被 0 除）被置位，其他的状态位保留不变，原始操作数也不变化。

【例 7.5】设 AC0 = 6 000，AC1 = 4 000，VW102 = 200，VW202 = 4 000，VW10 = 41，梯形图如图 7.4.52 所示，试分析运算过程。

【解】运算过程如下：

图 7.4.52　数学运算指令举例

6. 加 1 和减 1 指令

加 1 和减 1 指令包括字节、字和双字的加 1 和减 1 指令，其梯形图如图 7.4.53 所示。

其中，***表示操作类型，INC 表示加 1 运算，DEC 表示减 1 运算。数据类型（□）为：字节（B）、字（W）、双字（D）。加 1 或减 1 指令把输入数据（IN）加 1 或减 1，并将结果输出到 OUT 端。

7. 实数数学运算指令

实数数学运算指令包括实数加、减、乘、除运算指令，其梯形图如图 7.4.54 所示。

图 7.4.53　加 1 和减 1 指令的梯形图　　　图 7.4.54　实数数学运算指令的梯形图

其中，***表示操作类型，ADD 表示加运算，SUB 表示减运算，MUL 表示乘运算，DIV 表示除运算。实数加、减、乘、除运算指令是把两个 32 位实数（IN1、IN2）相加、相减、相乘或相除得到 32 位实数结果，送到输出端 OUT。

7.5　编程实例

编写 PLC 控制程序首先遇到的问题是 PLC 如何与外部设备连接，现以笼型异步电动机的起动、停止控制电路为例，说明 PLC 内部梯形图程序与输入/输出设备之间的关系。通常来自现场的指令信号是经 PLC 的输入接口进入 PLC 的，指令信号是指按钮、继电器触点、行程开关等。

为了提高抗干扰能力，输入接口通常是由发光二极管和光电三极管组成的光电耦合器构成的光电隔离电路，然后信号经光电隔离电路传送到输入映像寄存器。输入映像寄存器存储着高电平"1"或低电平"0"，这对应着"继电器"的通/断状态，通常高电平"1"为通，低电平"0"为断。此处"继电器"是指由系统软件程序赋予其具有继电器功能的"软继电器"，而非真正的物理继电器，因此可以将输入映像寄存器等效为输入"软继电器"。输入"软继电器"也可理解为含有线圈和触点，如图 7.5.1 所示。图中起动按钮 SB$_2$ 通过输入接口电路与输入"软继电器"的线圈 I0.0 相连，停止按钮 SB$_1$ 通过输入接口电路与输入"软继电器"的线圈 I0.1 相连，热继电器的常闭触点 KH 通过输入接口电路与输入"软继电器"的线圈 I0.2 相连。若输入"软继电器"的线圈与直流电源构成回路，则输入"软继电器"动作，并使其触点的状态发生变化（即输入映像寄存器单元的状态发生变化）。PLC 通过扫描得到输入端（点或）的信息，CPU 根据输入信息，按已编制好的程序进行处理。

在程序的执行过程中，由 CPU 发出的各种控制信号先送入输出映像寄存器，待 PLC 扫描结束后，将输出映像寄存器中的内容送到物理输出端（或点）。输出映像寄存器也可以等效为输出"软继电器"，同样也有线圈和触点，输出的控制信号经输出接口去控制和驱动负载，如控制指示灯的亮灭、电磁阀的开闭、继电接触器线圈的通电和断电等。

输出接口分为继电器型和晶体管型两种类型。继电器型输出接口为有触点输出，外加负载电源既可以是交流，也可以是直流；晶体管型接口只能带直流负载。

图 7.5.1 PLC 的等效控制电气图

在图 7.5.1 中，当按下起动按钮 SF$_2$ 时，输入"软继电器"线圈 I0.0 "有电"，其触点 I0.0 闭合，使输出"软继电器"线圈 Q0.0 "有电"，对应触点 Q0.0 闭合，经输出接口电路使负载电源构成回路，从而交流接触器 QA 有电，接通电动机的主电路，实现电动机运转。当按下停止按钮 SF$_1$ 时，输入"软继电器"线圈 I0.1 "断电"，其触点 I0.1 断开，使输出"软继电器"线圈 Q0.0 "断电"，对应触点 Q0.0 断开，QA 失电，电动机停转。

由以上分析可以看出 PLC 内部控制电路可以理解为是一个用程序实现的"接线"电路，只要修改程序就可以改变控制规律。

1. 编写 PLC 控制程序的基本步骤

（1）确定被控对象的控制顺序；

（2）确定控制对象所要求的 I/O 数目，分配 I/O 的点（即输入/输出映像寄存器）给外设；

（3）画出梯形图；

（4）编辑、校对、检查程序，修改程序的错误，并存储已编好的程序，然后下载验证。

2. 应用举例

【例 7.6】试根据图 7.5.2，分别编制当开关 S$_1$ 动作、开关 S$_2$ 不动作而均使灯亮的梯形图。

图 7.5.2 【例 7.6】图

【解】梯形图如图 7.5.3 所示。

从例 7.6 中，可以清楚地看到，对于同样的功能要求，由于输入开关的触点类型（常开触点还是常闭触点）不同，PLC 程序也不同。PLC 程序的编制，与外围 I/O 的配置有紧密的关系，不清楚 I/O 的配置情况，程序的功能在一定程度上来说也是不清楚和不完整的。

图 7.5.3　例 7.6 的梯形图

【例 7.7】试用 PLC 梯形图编程语言实现三相异步电动机的正、反转，并使之具有互锁功能：输入点 I0.0 与电动机正转起动按钮连接，输入点 I0.1 与电动机反转起动按钮连接，输入点 I0.2 与电动机停止按钮连接。输出点 Q0.0 接通电动机正转，输出点 Q0.1 接通电动机反转。PLC 系统的接线图如图 7.5.4 所示。

图 7.5.4　正、反转 PLC 系统接线原理

从图 7.5.4 可见，PLC 的 I/O 点分配见表 7.5。

表 7.5　正、反转 PLC 控制系统 I/O 点分配

输入信号			输出信号		
名称	代号	输入点编号	名称	代号	输出点编号
正转起动按钮	SF_1	I0.0	正转接触器	QA_1	Q0.0
反转起动按钮	SF_2	I0.1	反转接触器	QA_2	Q0.1
停止按钮	SF	I0.2			
热继电器	BB	I0.3			

比较 6.2.2 节的电动机正、反转继电接触控制电路，可以发现，PLC 控制系统和继电接触控制系统在主电路上是相同的，其区别在控制回路。继电接触控制系统的控制回路，由硬导线连接构成"程序"，是并行处理的关系，而 PLC 控制系统的控制功能，则由存储在 PLC 内的程序所决定，并由 CPU 按一定规则顺序执行。要改变系统的控制功能，主要

网络1 电动机正转

网络1 电动机正转

图7.5.5 例 7.7 的梯形图 1

是改变 PLC 程序。这使系统的维护、系统功能的修改更为方便、快捷。这正是 PLC 比继电接触器控制系统优越的地方。

【解】编程方法 1，如图 7.5.5 所示。

当输入按钮等与 PLC 连接采用常开触点时，一方面可以使 PLC 输入接口电路大部分时间处于断开状态，只有在操作时处于短时闭合有电流流过；另一方面，在 PLC 梯形图的编制上，与继电接触控制系统的控制回路基本相同。

图 7.5.4 所示的控制回路采用了"硬接线"的互锁措施，同时在图 7.5.5 所的梯形图中还有"软互锁"，这有什么意义呢？

编程方法 2，如图 7.5.6 所示。这种方法是利用置位指令实现自锁。

【例 7.8】编制检测上升沿变化的程序。每当一个上升沿到来时，使存储单元 MD1 的值增加 1，如果计数达到 5，输出 Q0.0 接通显示，并使存储单元 MD1 被重新置为 0。

【解】梯形图如图 7.5.7 所示。

图 7.5.6 例 7.7 的梯形图 2

图 7.5.7 例 7.8 的梯形图

【例 7.9】设计三相异步电动机的星形-三角形起动控制程序。首先按总电源开关（I0.0），接通总电源（Q0.0），然后接通起动开关（I0.1），使电动机绕组先实现星形连接（Q0.1），经延时 6 s 后，电动机绕组改为三角形接（Q0.2），延时用定时器 T37 实现。按停车按钮（I0.2），电动机停转。所有输入触点采用常开触点。

【解】梯形图如图 7.5.8 所示。

图 7.5.8 例 7.9 梯形图

【例 7.10】按特定的通断间隔（即通 2 s，断 1 s）产生时序脉冲输出。

【解】梯形图及时序图如图 7.5.9 所示。

图 7.5.9 例 7.10 的图

（a）梯形图；（b）时序图

前面，读者也阅读了多个例子，一定想知道如何快速高效地设计 PLC 程序。如果有相应的继电接触电路图，首先读懂继电接触控制电路图，搞清每个继电器、接触器、按钮和其他开关的作用，那么就能比较容易地设计出 PLC 程序了。

而大多数情况下，特别是新设计的控制系统，并没有继电接触控制电路可参考，这又该如何设计呢？这就需要将对生产控制的文字描述直接转化为控制程序，其步骤如下：

（1）定义被控过程；

（2）画过程草图，明确所有传感器（如行程开关、光电开关等）和完成控制顺序所需的手动控制等；

（3）尽可能详细地列出所有操作步骤的顺序；

（4）编制 PLC 程序；

（5）分析不同情况下程序是否会走入死循环，若是，则进行调整；

（6）考虑操作人员的安全问题，并作出相应调整。

【例 7.11】 城市市政设施中，有应对暴雨的雨水收集池。假设某高架桥下有两个雨水收集池并在底部有管道相连，每个收集池安装有一台常速潜水泵（可提供运行与否的逻辑信号）。当收集池中雨水大于低液位且低于高液位时，一台潜水泵以一定的转速工作，将雨水通过管道排入河流中（此时需两台泵以一定的时间间隔交替工作）；当液位低于低液位时，两台泵均停止排水；当液位达到超高液位时，两台泵同时起动进行排水。为了工作可靠、安全，要求：（1）每台泵均配置过载保护；（2）当一台泵起动失败 5 s 后，另一台泵需起动，并用指示灯显示报警信号；（3）当两台泵均起动失败时，需立即报警显示；（4）当操作台选择开关"AUTO/MANUAL"置于 MANUAL 时，可手动单独启停任一泵。

【解】 根据题意设计要求，首先需对 PLC 的 I/O 进行分配，见表 7.6。

表 7.6 I/O 地址分配表

输入地址	描　　述	输出地址	描　　述
I0.0	低液位，高有效	Q0.0	泵 1 输出
I0.1	高液位，高有效	Q0.1	泵 2 输出
I0.2	超高液位，高有效	Q0.2	泵 1 运行故障指示
I0.3	泵 1 运行反馈信号，高运行	Q0.3	泵 2 运行故障指示
I0.4	泵 2 运行反馈信号，高运行	Q0.4	故障指示
I0.5	AUTO/MANUAL 选择开关，高—AUTO		
I0.6	急停选择开关		
I0.7	泵 1 过载信号		
I1.0	泵 2 过载信号		

按地址分配，设计程序如图 7.5.10 所示。

在图 7.5.10（a）中，当 AUTO/MANUAL 选择开关旋转到 AUTO 位置时，产生的上升沿触发初始化过程，将所需的内部存储单元清零。

在图 7.5.10（b）中，当泵 1 或 2 起动失败 5 s 后，发出报警，并起动另一台泵工作。当任意泵起动失败，或任意泵过载，或紧急停车时，发出紧急故障指示。此时，工作人员需检查设备，并排除故障。可通过 MANUAL 操作系统，排查系统故障并消除。

在图 7.5.10（c）中，当两台泵均工作或均不工作时（同或关系）时，有记忆接通延时定时器 T5 停止计时，而只有一台泵工作时，计时。当定时时间 50 min 到后，切换，使另一台泵工作，同时使 T5 复位。加计数器 C55 用以累计泵的工作时间。内部存储器 MW4 用来选择泵 1 或泵 2 工作。

MW4 每加 1，MW4 的最低位 M5.0 在 0 和 1 之间交替变化，可用来使泵交替运行。当 M5.0＝0 时，泵 1 工作，反之，泵 2 工作，如图 7.5.10（d）所示。若系统处于 AUTO 运行状态，且收集池水位处于超高液位，则两台泵均运行。若急停按钮被按下或所选择泵起动失败，则该泵停止运行。

图 7.5.10　雨水收集池控制程序

（c）　　　　　　　　　　　　（d）

图 7.5.10　雨水收集池控制程序（续）

习　题

题图 7.1　题 7.7 图

7.1　PLC 的特点有哪些？

7.2　PLC 与继电接触控制系统相比有哪些优点？

7.3　PLC 怎样执行用户程序？

7.4　SIMATIC S7－200 指令参数所用的基本数据类型有哪些？

7.5　定时器有几种类型？各有什么特点？

7.6　计数器有几种类型？各有什么特点？

7.7　指出题图 7.1 所示的梯形图有何错误，并改正之。

7.8　编写梯形图程序，实现加工工件计数的功能。每当加工完 3 个工件，发出信号，通知运料小车将其工件运送到指定地点。若运料小车输送 2 次，则停止作业。

7.9　编写梯形图程序，实现判别两个数 A、B 大小的功能，如果 $A>B$，红灯亮；如果 $A<B$ 绿灯亮；如果 $A=B$，黄灯亮。

7.10　画出实现题图 7.2 所示控制电路功能的梯形图。

题图 7.2　题 7.10 图

7.11　编写梯形图程序，实现两台电动机 MA_1 和 MA_2 的工作过程要求：

（1）MA_1 先起动，经过一定时间后（如 10 s）MA_2 才能起动；

（2）MA_2 停车后，MA_1 才能停车。

7.12　以三相异步电动机及白炽灯组成负载，要求先起动电动机，5 s 后白炽灯自动点燃，同时电动机停车，再过 3 s 后电动机再起动，白炽灯自动灭，如此循环三次，自动停止。

7.13　单台电动机点动和长动继电接触控制电路如图 6.2.3 所示。请画出 PLC 系统的接线图，完成 PLC 系统的 I/O 分配，然后设计一个 PLC 程序，完成点动和长动控制功能。

7.14　试设计一个楼道照明灯控制程序。声控感应器感应到足够强度的声音信号后，声控感应器输出开关信号为 ON（接 I0.0）后，与 Q0.0 连接的照明灯点亮发光 30 s。如果在这 30 s 时间内，声控感应器又感应到声音信号，则照明灯点亮时间从头开始，以保证最后一次感应到声音信号后，灯光可维持 30 s 的时间。

7.15　参考图 6.2.8（行程开关控制的正、反转控制电路），试设计一个 PLC 系统，完成系统的接线图、I/O 点分配和 PLC 程序的设计。

第 8 章
电工与电子系统

8.1　电工与电子系统概论

8.1.1　电工与电子系统的基本概念

系统是由若干相互作用、相互依赖的事物组成的具有特定功能的整体。系统所涉及的范围很广，可以是各种物理的和非物理的、人工的和自然的。为完成某一特定功能，由相应的电工设备和电子设备组成的装置或装置的集合，称为电工与电子系统。电工与电子系统可以很简单，也可以很复杂。例如，一个开关、一盏电灯和一些导线，连接到电源就可以看成一个系统；由多种传感器、多台计算机和 PLC 以及各种机电设备组成的一条生产线也是一个系

图 8.1.1　电工和电子系统

统。所以，系统复杂程度的差别是非常大的。但是，一个复杂系统，总可以分解为一系列简单系统的有机组合。通常，电工与电子系统可由输入单元、功率放大、驱动单元和负载等组成，如图 8.1.1 所示。输入单元接收、处理来自传感器或人工输入的信号和命令，是人与系统、系统外环境与系统交换信息的通道。功率放大和驱动单元对处理后的信号进行功率放大，然后驱动负载。负载就是人们要控制的对象。通常，为了提高系统的工作性能，在输入单元和功率放大和驱动之间加入调节器，然后将输出通过反馈环节引入调节器，从而形成反馈系统。

8.1.2　电工电子系统的分类

系统按照不同的信号和不同的应用场合，可以有不同的分类方法。如按照处理信号的方式不同，可分为数字系统、模拟系统和混合系统。在图 8.1.1 中，如果没有虚线部分，即从负载（即与输出端）没有信号回到输入端，则是开环系统，若是有信号从负载经过某种处理后回到了输入端，则是闭环系统。如果，要求系统的性能指标较高，往往利用控制理论的相关知识，将系统设计成闭环系统的形式。随着计算机技术和中大规模集成电路的发展，通常信号变换和处理都是由计算机或单片机等带 CPU 的智能模块组成的，这类系统又称智能系统。下面各节将分别介绍各种系统的构成和工作原理。

8.2　温度测量控制系统

8.2.1　简介

很多生产场合都对温度有非常严格的要求。比如在载人航天飞船上，要求温度保持在 25 ℃ 左右而不能因为外界温度的变化而变化，以使宇航员生活在一个适宜的环境中。本节介绍一个恒温室系统，其系统框图如图 8.2.1 所示。该系统是渗透式标准湿度发生器的一个重要子系统。渗透式标准湿度发生器作为一种校准仪器，用来标定其他湿度测试仪。该发生器的工作原理是用一种干燥的气体以一定的流速带出从某一种膜渗透出的另一种纯净气体，从而得到已知湿度的气体。由于渗透膜的工作与温度有密切的关系，即它在某一恒定温度下，单位时间内渗出气体的量是一定的，所以湿度发生器系统的关键是如何控制温度，即尽可能使湿度发生器恒定在某一个温度值，如这里的恒定温度为 100 ℃。

测量、控制恒温室温度的系统框图如图 8.2.2 所示。温度检测单元用来测量恒温室的温度，恒温室的温度通常都较室温高，所以要有必要的加热元件和相应的功率放大和驱动电路。同时，要有一套调节电路，其功能是根据恒温室的温度，调节输出到加热元件的功率的大小。

图 8.2.1　渗透式标准湿度发生器的原理　　**图 8.2.2　温度测量控制系统框图**

8.2.2　温度的检测

要控制恒温室的温度，首先就必须知道恒温室的温度，这就是温度检测。温度检测首先遇到的问题就是如何将温度信号转化为电信号和如何选择温度传感器。温度传感器有多种。常用的是电阻型，即将温度的变化转化为电阻阻值的变化（如铂电阻、铜电阻以及热敏电阻等）。其他的有红外线温度传感器等。铂电阻温度传感器精度高、线性度好，但成本高，用在要求较高的场合；铜电阻价格便宜，线性度一般，但由于铜的电阻率小，所以铜丝较细，其机械强度较差，当温度超过 150 ℃ 时易氧化，多用于要求不高的场合；热敏电阻是一种半导体电阻，按其随温度变化的特性，分为负温度系数热敏电阻、正温度系数热敏电阻和临界温度电阻器等三种。热敏电阻对温度变化十分敏感，有良好的分辨率，但是线性度不好。

对电阻型热敏传感器，其测量电路主要有电桥式和恒流源型。其原理都是将温度变化所引起的传感器的电阻值变化转化成电路中的电压或电流的变化。为了便于 A/D 处理，常常是将之转化为电压的变化。电桥式的测量原理电路如图 8.2.3 所示。图中 R_T 为电阻型温度传

图 8.2.3　电桥式测量电路

感器，R_T 的阻值随着温度的变化而变化。设传感器在 0 ℃时的阻值为 R_T，受热后阻值变化为 $R_T+\Delta R$，如果调整图示电桥在 0℃平衡时有 $R_1 R_3 = R_2 R_T$，则有如下关系式：

$$U_o = -\frac{R_2 \Delta R}{(R_2+R_3)(R_1+R_T+\Delta R)} V_{CC} \qquad (8.2.1)$$

若取 $R_1=R_2$，$R_3=R_T$，且 $R_1 >> R_3$，则上式可简化为：

$$U_o = -\frac{V_{CC}}{R_1} \Delta R \qquad (8.2.2)$$

显然，输出电压 U_o 与相对于 0 ℃的温度变化量 ΔR 呈线性关系。

若用恒流源的方法，其原理如图 8.2.4 所示。I_S 是恒流源的电流值，则温度与输出电压的关系为：

$$U_o = (R_T + \Delta R) I_s = U' + I_s \times \Delta R \qquad (8.2.3)$$

图 8.2.4 恒流源测量电路

式中，$U' = R_T I_s$。可得到与电桥测量法测量温度相似的结论。

8.2.3 信号的放大

通常，由传感器测量的信号都很微弱，必须要经过放大才能供其他电路使用。在设计放大电路时，首先要考虑所要放大信号的性质，如信号的频带，信号是双极性信号还是单极性信号。如前面介绍的电桥式测量电路，输出电压 U_o 就是双极性的，放大电路就要选择双端输入方式（如差动放大电路），而后者恒流源测量电路的输出 U_o 是单极性的，就可以用单端输入方式（如反相或同相比例运算电路）。其次，要根据后续电路的要求，考虑放大电路的放大倍数。一般来说，当放大电路的放大倍数较高时，需用多级放大。最后要考虑系统对测控精度的要求和成本，若要求较高，则要选择精度高、线性度好的精密型放大器。本节中，选择电桥式测量电路及 AD620 作为信号放大器。AD620 管脚定义如图 8.2.5 所示。其中：

（1）V_+、V_-：电源电压端（±2.3～±18 V）；

（2）IN_+、IN_-：差模信号输入端（差模输入电压范围：±25 V）；

（3）R_{EF}：参考电阻端（通常可悬空）；

（4）R_p：放大倍数调整端［放大倍数 $A=1+(49.4 K\Omega / R_p)$］；

（5）OUT：输出端。

图 8.2.6 所示为 AD620 的双端输入方式的放大电路。放大倍数可通过调整可变电阻器 R_p 的阻值来实现。

图 8.2.5　AD620 管脚图

图 8.2.6　AD620 组成的放大电路

通过 AD620 的放大，信号还是比较小，为了后续处理方便，还需要进一步将其放大，可采用四集成运放 LM124。其内部原理和管脚定义如图 8.2.7 所示。其供电电压通常为±15 V。

从图 8.2.7 可看出，LM124 的使用与常用的集成运算放大器没有什么不同，只是将四个运放集成在一个芯片上，减小了体积。

8.2.4　温度控制

为了能够将温度控制在某一个恒定值，可以用图 8.2.8 所示的方法实现，即反馈的方法。将测量的恒温室温度与设定的温度进行比较，产生误差信号，经过对误差信号的放大和调节，输入到功率驱动环节，以此来控制恒温室加热功率的大小，从而使温度保持在某一个恒定值。其调节原理是当设定温度比测量的温度值大时，表明恒温室还未达到所要求的温度，就需加热；反之，设定温度小于测量的温度，就停止加热。同时，实际温度比设定温度小得越多，即比较电路输出的差值越大，则加热的功率越大，这是一个自动调节的过程。

图 8.2.7　LM324 管脚图　　　　　图 8.2.8　温度测控原理框图

8.2.5　功率驱动和加热

在本系统中加热元件选用电加热器。随着温度的不同，加热的功率就不同，这需要使电加热器两端的电压随温度的变化而变化，因此需要功率控制器件。在这里选用的是双向晶闸管。通过控制晶闸管的导通角的大小来控制电加热器的加热功率的大小，从而调节温度。晶闸管导通角的控制需要有触发电路与之匹配。KC05 晶闸管移相触发器适用于双向晶闸管的交流相位控制；移相范围宽，控制方式简单，易于集中控制，有输出电流大的优点。所以，KC05 是实现交流调光、调压理想的移相触发电路。

KC05 晶闸管移相触发器的典型电路如图 8.2.9 所示。图中，T 为脉冲变压器，起隔离作用，其原边并联阻尼二极管 D_1，是为了防止输出端过压，使用中，要注意负载电流的大小，图 8.2.9 所示电路的输出没有功率放大，所以只能触发 50 A 以下的晶闸管，同时变压器 T 和电路参数必须保证 KC05 第 9 脚的负载电流不超过 200 mA。同步信号加在第 15、第 16 脚之间；移相输入电压在第 6 脚输入（幅值为 2～8 V，对于双向晶闸管全截止到全导通）；移相脉冲在第 9 脚输出。可调电阻 R_w 调节锯齿波的斜率。

图 8.2.9 中双向晶闸管 G 的型号是 BTA06–600C，其最高反向电压为 600 V，最大稳定工作电流为 6 A。图 8.2.9 所示电路的工作原理如下：从 KC05 的第 6 脚输入一个 2～8 V 的移相信号，与同步信号共同作用，在第 9 脚输出双向晶闸管的触发信号，从而控制双向晶闸管 G 的导通角，加热器和交流 220 V 串联，当双向晶闸管关闭时，则在加热器上没有电流通过，反之，则由电流通过双向晶闸管 G，加热器开始加热。KC05 各管脚的工作波形如图 8.2.10 所示。

图 8.2.9　KC05 的典型电路

8.2.6　系统电路简介

　　整个温度测量和控制的电路原理如图 8.2.11 所示。经过电桥测温电路将温度信号转化为电压信号，经 AD620 放大。LM124 的 U1A 为比较电路，它将测量的温度值与设定值进行比较，得到温度的误差信号。设定温度的调整，可通过 R_{p4} 实现。U1C、U1D 都是比例放大电路，但在 U1D 的同相输入端加一个基准电压，使在温度到达稳态时，获得加热所需的一个恒温功率。当然 U1C 如果用比例积分电路，可不考虑稳态功率问题。将 U1D 的输出作为图 8.2.9 所示电路中 KC05 的第 6 脚的输入，即可构成完整的电路，完成温度的测量和控制功能。

图 8.2.10　KC05 的工作波形

图 8.2.11　温度测量和控制的电路原理（仿真图）

8.3　由 PLC 控制的双坐标运动系统

8.3.1　双坐标运动系统的构成

双坐标运动系统可以实现在 X 轴和 Y 轴两个方向同时运动，它在工业生产和日常生活中有着广泛的应用，如数控机床、绘图机、打印机、雕刻机等。构成双坐标运动系统的方式从其机械结构、驱动方式和控制方式来看有许多种，本节介绍一种由可编程序控制器（PLC）作为控制器、由步进电机驱动的双坐标运动系统。系统结构如图 8.3.1 所示。

图 8.3.1　双坐标运动系统的结构

在双坐标运动系统中，X 轴的运动机构和 Y 轴的运动机构在机械上可以是相互独立的，也可以组合在一起。在本系统中，Y 轴的运动机构安装在 X 轴的运动机构上，如图 8.3.2 所示。

在 X 轴的运动机构和 Y 轴的运动机构的两侧，分别安装了限位开关 BG1～BG4，可以将限位信号传送给控制器，以实现限位保护功能。

X 轴的运动机构通过丝杠传动方式带动 Y 轴的运动机构运动，Y 轴的运动机构通过丝杠传动方式带动笔架运动，可以实现双坐标绘图仪的功能。

图 8.3.2　双坐标运动系统的结构示意

8.3.2　驱动部分

1. 概述

在运动控制系统的驱动部分，应用较多的是步进电机和伺服电机。一般而言，步进电机用于精度要求较低的场合，而伺服电机用于精度要求较高的场合。

步进电机是一种将电脉冲信号转换为角位移或直线运动的执行机构。当系统接受一个电脉冲信号时，步进电机的转轴将转过一定的角度或移动一定的直线距离，电脉冲输入越多，电机转轴转过的角度或直线位移就越多；同时，输入电脉冲的频率越高，电机转轴的转速或位移速度就越快。由于步进电机系统具有较好的定位性能和较低的成本，在经济型数控领域和其他需要准确定位加工、制造及检测设备中得到了广泛的应用。

和步进电机相比，伺服电机实现了位置、速度和力矩的闭环控制，克服了步进电机失步的问题；其高速性能好，抗过载能力强，适用于有高速响应要求的场合，且低速运行平稳，不会产生类似步进电机的振动现象；电机加减速的动态相应时间短，发热和噪音明显降低，但价格较高，适用于精度要求较高的系统。

在本装置中，应用两台 45BYG250B 型两相混合式步进电机加上配套的细分驱动器实现 X 轴和 Y 轴的驱动功能。混合式步进电机是最新式的步进电机，这种电机具有自阻（即在电机未加电的情况下有一定的自锁力）。其特点是体积小、效率高，运行时相对较平稳，输出力矩相对较大，运行声音小，是未来步进电机的发展方向。

2. 步进电机的驱动

步进电机的运行要有一电子装置进行驱动，这种装置就是步进电机驱动器，它把控制系统发出的脉冲信号转化为步进电机绕组的驱动信号。控制系统每发一个脉冲信号，通过驱动器就使步进电机旋转一个步距角，所以步进电机的转速与脉冲信号的频率成正比。

由于步进电机本身所固有的低频振动问题，在一些对振动及噪音有较高要求的场合，步进电机的应用受到了一定的限制。如何通过驱动控制技术对步进电机的低频振动进行抑制，是步进电机应用中的一个重要问题。在现有的步进电动机驱动技术当中，细分控制技术和升频升压控制技术是能够较为有效地降低步进电机低频运转时的振动和噪音的主要方法，也可以将电流控制技术与升频升压技术有机结合起来，将电流闭环控制技术引入升频升压控制中，提高驱动器电压和电流的可控制性，从而提高驱动性能及可靠性。

细分控制技术是通过对步进电机相电流进行阶梯化正弦控制，使电机以较小的单位步距角运行（机械步距角的几分之一或几十分之一），从而降低低频振动。步进电机在运转过程中，电磁力的大小与绕组通电电流的大小有关。当通电相的电流并不马上升到最大值，而断电相的电流并不立即降为零时，它们所产生的磁场合力会使转子有一个新的平衡位置，这个新的平衡位置在原来的步距角范围内。也就是说，如果绕组中电流的波形不再是一个近似的方波，而是一个分成 N 个阶梯的近似正弦波，则电流每升降一个阶梯时，转子转动一小步。当转子按照这样的规律转动 N 小步时，实际上相当于它转过一个步距角。这种将一个步距角细分成若干小步的驱动方法，称为细分驱动。细分驱动使实际步距角变小，可以大大地提高执行机构的控制精度。同时，也可以减小或消除振动、噪声和转矩波动。现在，细分驱动已成为步进电机控制中最为常用的一种方式。

8.3.3　用 PLC 实现对双坐标运动系统的控制

在双坐标运动系统中，控制器的主要任务是给步进电机的驱动器发脉冲信号、方向控制信号和脱机信号。控制器可以是计算机、PLC 或单片机系统，脉冲信号的产生可以用软件方式实现，也可以用硬件方式实现。

用软件方式产生脉冲信号时，可以用程序语句在某个输出端口交替输出高、低电平，控制高电平和低电平的持续时间，就能产生指定周期和占空比的脉冲串。软件方式可以在任何一种控制器上实现，但它的缺点是要占用 CPU 大量的运行时间，在要求输出频率较高时，要实现精确定时也较为困难。

在实时性要求较高的场合，一般应采用硬件方式实现，这种方式实际上是软件和硬件结合的方式。如在计算机中插入运动控制卡，由其完成产生和输出脉冲的功能；在应用 PLC 时，可选用具有高速脉冲输出功能的机型，如西门子公司的 S7–22X 系列 PLC 中具有晶体管输出的机型、Allen–Bradley 公司的 MicroLogix1500 系列 PLC 等。在应用单片机系统时，可以选用具有高速脉冲输出功能的单片机，如 8XC51FA/FB/FC 和 80C196 等，也可以通过在单片机外围用专用集成电路或 FPGA/CPLD 来实现高速脉冲输出的功能。

对于具有高速脉冲输出功能的 PLC 和单片机系统，其脉冲输出的功能是通过独立于主 CPU 之外的硬件电路实现的，主 CPU 的任务是给这部分硬件电路设置工作参数，这种方式有利于合理地分配控制任务，并且可以通过硬件电路实现精确定时。

在本系统中，采用西门子公司的 S7–224 PLC 中的 DC/DC/DC（直流电源/直流输入/晶体管输出）机型作为控制器，输出两路高速脉冲分别控制两个步进电机，同时还可以实现整个系统的限位保护功能。

1. PLC 的脉冲输出指令及其在步进电机控制中的应用

对于 SIEMENS 200 系列的 CPU，如果 CPU 模块上的输出类型为 DC 型（晶体管输出），则有两个输出端（Q0.0 和 Q0.1）具有高速输出功能。这两个输出端可以设置为脉冲串输出（PTO）或脉宽调制输出（PWM），频率可以达到 20kHz。当在这两个点使用脉冲输出功能时，它们受专用的 PTO/PWM 发生器控制，而不受输出映像寄存器控制。利用其脉冲串输出功能（PTO）可以比较方便地实现对步进电机的控制。

脉冲串输出（PTO）功能提供方波（50%占空比）输出，由用户控制周期和脉冲个数。脉冲宽度调制（PWM）功能提供连续、可变占空比的脉冲输出，由用户控制周期和脉冲宽度。

PTO 操作有两种方式，即单段 PTO 操作和多段 PTO 操作。对于单段 PTO 操作，每执行一次 PLS 指令，输出一串脉冲。如果想再输出一串脉冲，需要重新设定相关的特殊存储器，并再执行 PLS 指令。在多段 PTO 操作时，执行一次 PLS 指令，可以输出多段脉冲。多段 PTO 操作有着广泛的应用，尤其在步进电机控制中。

步进电机的最高启动频率一般比最高运行频率低许多，如果直接按最高运行频率起动，步进电机将产生丢步或根本不运行的情况。而对于正在快速运行的步进电机，若在到达终点附近立即停发脉冲，令其立即锁定，也难以实现，由于旋转系统的惯性，会发生冲过终点的现象。因此，在控制过程中，运行速度要有一个"加速–恒速–减速"过程。利用西门子的 S7–22X 系列 PLC 的高速脉冲输出功能中的多段 PTO 操作，可以方便地实现步进电机的"加速–恒速–减速"过程。

2. 西门子的 S7–200 系列 PLC 与步进电机驱动器的连接

当控制器与步进电机驱动器连接时，需要考虑控制信号的匹配问题，即控制器输出信号的电流流向与步进电机驱动器的输入信号的电流流向应匹配，否则系统不能正常工作。

当采用 SIEMENS 的 S7–200 系列 PLC 中的 DC（晶体管）输出时，各组输出点是共阳极连接，各输出点输出电流；而本系统中采用的 SH—20402A 型步进电机驱动器的各个输入点（脉冲信号、方向信号和脱机信号）也为共阳极连接，各输入点要求输出电流。这样，在 PLC 和步进电机驱动器之间需要设计接口电路，才能进行连接，如图 8.3.3 所示。此时，PLC 的外部负载电源的电压为 5 V，如果大于 5 V 的话，需要在各输入端外加限流电阻。

3. 控制程序设计

在用 PLC 作为系统的控制器时，控制程序包括两个部分，一部分是运动轨迹的控制，另一部分是系统的逻辑控制，如系统的起动、停止和限位保护等。

图 8.3.3　PLC 与步进电机驱动器接口电路

　　运动轨迹的控制主要是进行直线插补和圆弧插补，插补算法的实现有多种方法，可以参考"数控技术"的相关内容。而在本系统所用的西门子的 S7-200 系列 PLC，除了可直接运用常规的插补算法，还可以利用本身丰富的功能指令，如正弦（SIN）、余弦（COS）和正切（TAN）指令，更为方便地实现插补算法。

　　以上主要介绍了一个双坐标运动系统的机械机构以及驱动和控制部分，并以 PLC 驱动步进电机为例，介绍了系统在硬件和软件设计中的一些问题。在这个系统的基础上，还可以进一步提高系统的性能，如运用伺服电机作为驱动装置、增加人-机界面等，也可以丰富软件的功能，使整个系统更加完善。

8.4　由 PLC 和变频器组成的电动机闭环控制系统

8.4.1　系统概述

　　三相交流异步电动机在工业生产中有着广泛的应用，它的优点是结构简单、使用维护方便，缺点是调速不方便。随着生产对工艺要求和节能要求的提高，三相交流异步电动机的应用也逐渐向软启动、变频调速和运行状态监控等方向发展。

　　三相交流异步电动机的闭环速度控制系统一般以可编程序控制器（PLC）作为核心控制部件，通过速度传感器将电动机的转速信号传送给 PLC，PLC 经过控制规律的运算后，给出控制信号，用以控制变频器来改变电动机输入电压的频率，来调节电动机的转速，从而构成一个闭环的速度控制系统，如图 8.4.1 所示。另外，还可以在上位机利用监控组态软件来设计监控系统，以实现对系统运行状态的监视。

　　由于 PLC 具有工作稳定、抗干扰能力强的特点，其非常适用于电动机、变频器工作的场合。因此，在本系统中，以西门子新一代微小型 PLC S7-224 作为三相交流异步电动机闭环速度控制系统的核心控制部件，并利用其 A/D、D/A 功能，高速计数功能和浮点运算功能，实现电动机转速的测量、控制规律的运算以及对变频器的控制。

变频器是利用交流电动机的同步转速随电动机定子电压频率变化而变化的特性，实现电动机调速运行的装置。变频调速具有良好的调速性能，是一种较为理想的交流调速方式。

图 8.4.1　系统框图

8.4.2　系统硬件设计

1. 电动机转速的测量和输入接口电路设计

电动机转速的测量可以通过多种传感器来实现，如光电速度传感器、磁电传感器或直流测速发电机等。

一般 PLC 都具有高速计数功能，可以将光电速度传感器产生的脉冲信号输入其高速脉冲输入端口，通过高速计数和数据运算，可以实现测速或测频的功能。在用 PLC 读取脉冲信号时，必须考虑输入信号与 PLC 的输入电路的匹配关系，即必须使输入信号的电压满足 PLC 规定的逻辑 1（最小电压为 15 V）和逻辑 0 时的电压值，输入信号的电流的方向符合 PLC 输入点的要求。如果不满足，则必须设计和制作相应的接口电路。

在本系统中，光电传感器的输出的脉冲信号的幅值为 5 V，不能直接输入给 PLC。为此，应设计 PLC 与传感器的接口电路。由于 S7-22X 系列的 CPU 的输入点可以输入电流，也可以输出电流，这为其与各种类型的传感器连接提供了极大的方便。接口电路如图 8.4.2 所示，按此种方式连接时，输入公共端 1 M 接 24 V 电源正极，I0.0 点输出电流。

2. PLC 与变频调速器的连接

变频调速器有多种操作方式，包括面板操作、外部端子操作和通信接口控制等。在外部端子操作方式下，通过变频调速器的接线端子，可以实现对变频调速器的正、反转控制，多段转速选择以及频率给定等功能，其中运行频率的给定可以通过电压、电流或外接电位器的方式实现。

图 8.4.2　输入接口电路

PLC 与变频器连接时，首先通过变频器的操作面板设定变频器的工作参数，设定"操作模式选择"参数 Pr79=2，即选择外部操作方式，启动信号和运行频率都由外部给定；设定运行频率的"输入电压"参数 Pr73=1，即 DC0-10 V 输入。然后，可将 PLC 的开关量输出接到变频器的正转启动（STF）和反转启动（STR）端子上，将 PLC 的模拟量输出接到变频器的频率给定端子（2、5 端之间）。对于 S7-224，如果输出为晶体管型，其输出信号为电流输出。在与变频器连接时，应考虑 PLC 输出信号与变频器输入信号的匹配关系。三菱 FR-E540-1.5K 变频器的外部控制信号，可以通过跳线开关设置为源型逻辑（输入电流）或汇型逻辑（输出电流），并且接线方式也有所不同，如图 8.4.3 所示，此时变频器为源型逻辑连接。

图 8.4.3　PLC 与变频器接线图

8.4.3　系统软件设计

1. 概述

PLC 的控制程序分为主程序和定时中断程序两个部分。在主程序中，PLC 完成高速计数、定时中断和相关标志位的初始化操作，以及对三相异步电动机的启动/停止控制和正/反转控制等。在定时中断中，PLC 完成转速的采集、控制运算和控制量输出的工作。主程序和中断程序的框图如图 8.4.4 所示。

图 8.4.4　程序框图

（a）主程序框图；（b）中断程序框图

2. 定时中断程序设计

为了确保转速的测量和控制的实时性，本系统利用定时中断进行高速计数器的数据处理和控制运算。在中断程序中，利用 PLC 的高速计数器可以读取光电转速传感器在规定时间内的计数值，从而可以计算出电机的转速。另外，为了抑制在测速过程中的干扰信号，需要对输入信号进行滤波处理，可以连续读取几次速度信号，进行去极值算术平均滤波，作为被测速度值。

取得速度信号后，按照一定的控制规律进行控制运算。一般可以采用比例-积分-微分（PID）控制规律。在本系统中，采用的是变比例-积分分离的控制算法，即根据设定值与测量值的偏差大小分为四个区间，在每个区间采用不同的比例系数，当偏差值进入-5～+5 的区间内，再加入积分控制。

当系统中用变频器作为执行机构时，由于变频器的输出频率是按加、减速时间曲线变化的，即设定频率后，变频器的输出要达到设定频率，需要经过一定时间。这对电机的起动和运行是有好处的。但是，由于在控制算法中采用的是增量型算法，当系统的设定值大范围变化或出现较大干扰时，变频器输出的延迟会使控制量增大，使系统出现较大的超调。为了避免这种情况，当计算出的控制量较大时，输出本次控制量后，在控制程序中要进行一段延时，延时结束后，再进行下一次控制量的计算和输出。实验结果表明，采取以上措施能够有效地减小系统的超调。

在本系统中，模拟量输出模块 EM232 的电压输出为-10～+10 V，12 位分辨率。PLC 在经过控制运算后，得到的控制信号需要转换成 PLC 的 D/A 模块所规定的数据字格式，通过 EM232 输出给变频器的频率设定端，改变变频器的输出频率，从而实现对电机转速的控制。

8.4.4 监控系统设计

在设计监控系统时，可以有两种方式，一种是利用 VB、VC 等高级语言在上位机中设计监控界面以及与 PLC 的通信程序，在 PLC 中也需要有相应的通信程序，利用这种方式时，需要了解 PLC 的通信协议或自定义协议；另一种方式是利用专门的监控组态软件来设计监控系统，这类软件一般都包括常用的 PLC 的通信协议，并且设计图形界面也非常方便。下面以 MCGS 监控组态软件为例来介绍电机运行监控系统的设计过程。

MCGS 监控组态软件系统包括组态环境和运行环境两个部分。其中，组态环境由主控窗口、设备窗口、用户窗口、实时数据库窗口和运行策略窗口组成，如图 8.4.5 所示。

图 8.4.5 MCGS 软件的组态环境

使用 MCGS 监控组态软件设计一个监控系统的基本步骤为：工程项目的系统分析→建立工程项目的基本框架→设计系统菜单的基本体系→制作动画显示画面→编写控制流程程序→连接设备驱动程序→工程综合测试。这些工作都是在组态环境中进行时，在每个窗口分别进行组态操作，完成不同的工作。

在本系统的设计中，主要的工作是定义数据变量，制作监控系统的显示画面（包括命令按钮、参数输入和运行曲线显示等），并将画面中的对象与数据变量连接，然后利用组态软件提供的设备驱动程序（S7-200 PPI 协议）实现 MCGS 中数据变量与 PLC 中变量的连接。

完成系统组态以后，可以进入运行环境，进行系统的测试和运行。系统运行时的画面如图 8.4.6 所示：

本控制系统以 PLC 为核心，通过 PLC 实现电机转速的测量和控制，通过变频调速器来改变三相异步电动机的转速，并在上位机利用监控组态软件实现与 PLC 的通信和监控界面的设计，从而构成一个结构合理、功能丰富的电机控制系统。在这个系统的基础上，改变测量环节和相应的控制策略，可以实现如变频供水、电梯控制等许多以三相交流异步电动机调速为基础的应用系统。

图 8.4.6　系统运行画面

8.5　基于工业控制计算机的剑杆织机控制系统

8.5.1　剑杆织机的原理和系统组成

织机是纺织工业中最重要的设备之一，在整个纺织工业中有极其重要的意义和作用。现代织机的纺织工艺从本质上来说，仍然没有脱离传统的经纬交织的原理。简易织机原如图8.5.1 所示，可见织机由五大部分组成，即开口机构、送经机构、卷取机构、送纬机构（图中没有画出）和打纬等五大部分。其中，开口机构主要由综框和相应的提升和花型控制部件等组成；送经机构包括后罗拉、经轴及其驱动电机和相应的控制部件；卷取机构由布辊、电机和相应控制部件组成；打纬的主要部件是钢筘，送纬机构在图中没有画出，织机的送纬机构最早是梭子，后为了提高织布速度和布面质量，改为剑杆，然后改为喷气和喷水等。从织造原理来说，要想提高工作效率，主要是在提高主轴转速的同时提高送纬速度。剑杆织机与传统织机相比，送纬速度得到了较大的提高，从而提高了生产速度。随着现代电子技术和计算机技术的发展，剑杆织机向着电子化、智能化发展，生产速度较传统织机提高了 5～6 倍，极大地提高了生产效率，同时还降低了挡车工人的劳动强度，提高了产品的质量。本节提出的剑杆织机电气控制系统由一台 IPC5000 工控机、输入/输出单元（即各种计算机板卡）、控制器（如检测控制单元、伺服控制器）、执行机构（如交流伺服电动机、三相异步电动机、电子储纬器、电子多臂机）和按钮开关、生产状态信号（如断经、断纬信号等）等组成，其原理如图 8.5.2 所示。该系统实现了织机的自动化、智能化和高速化。

整个系统有 77 个输入/输出开关量（其中有 16 路高速输出端口）、1 路模拟量输入、1 路模拟量输出。将上述输入/输出信号按织机的功能进行分类，把外围接口电路设计成配件式、模块式，与软件配合，可满足用户不同配置的要求。

图 8.5.1　织机运动原理　　　　　　　　**图 8.5.2　系统原理框**

8.5.2　工业控制计算机简介

工业控制计算机（简称工控机）是以计算机为核心的测量和控制系统，它有别于常用的计算机，可在复杂、恶劣的工业现场可靠地工作，在设备控制、过程控制和智能化仪表等领域应用广泛。工控机与普通计算机比较，有如下特点：

（1）丰富的过程输入/输出功能。除了计算机的基本组成 CPU、存贮器外，工挖机还有大量的过程输入/输出设备和完善的外部设备。

（2）实时性好。工控机具有时间驱动和事件驱动的能力，能对生产过程工况变化进行实时监测和处理，当过程参数出现偏差甚至故障时能迅速响应，作出相应处理。

（3）高可靠性。工业生产过程通常连续 24 小时工作，要求设备具有故障率低、运行效率高等特点。工控机正是为满足此要求而设计的。

（4）环境适应性。工业环境往往高温、高湿、高腐蚀、高振动冲击、高灰尘，电磁干扰严重，故工控机必须具有极高的电磁兼容性。

（5）丰富的软件资源、编程方便。工控机可像普通计算机一样，运行在 DOS 或 Windows 环境下，如果实时性要求较高，则需要实时操作系统。在 DOS 或 Windows 环境下，软件资源丰富，编程语言可采用 C 或 C++等高级语言，编程方便快捷，也不需要专门硬件的知识，软件硬件设计可由不同的人分别进行，缩短了开发周期。

图 8.5.3（a）所示为某型号工控机的外形。图 8.5.3（b）所示为 APCI 数字量输入/输出板卡。

（a）　　　　　　　　　　　　　（b）

图 8.5.3　某型工控机

（a）工挖机的外形；（b）输入/输出板卡

8.5.3 系统硬件设计

1. 数字量输入/输出与I/O板卡的原理电路和连接

数字量输入/输出板卡的原理电路如图8.5.4所示。从原理框图可看出，在数字输入（DI）部分，当输入信号接地或低电平时，光电耦合器（简称光耦）导通，输入指示灯亮，CPU读到的数据为"1"；输入对地开路或接高电平时，光耦不导通，输入指示灯灭，CPU读到的数据为"0"。在数字输出（DO）部分，当输出数据为"1"时，光耦导通，负载有电流流过，输出指示灯亮；数字输出为"0"时，光耦不导通，负载没有电流流过，输出指示灯灭。DO采用了达林顿反相驱动器作为功率放大器，其集电极输出电流单路可达200 mA，可直接驱动继电器和电磁阀等。此外，板卡DI、DO的外电源是分别引出的，可接不同的电压，方便了用户的使用，可满足不同输入/输出电平的要求。

图8.5.4 数字量输入/输出板卡的原理电路

图8.5.5 输出数字信号的连接

虽然在板卡中已经设计了光电耦合隔离电路，但是一方面其与外围信号的电压可能不匹配，另一方面作为数字量输出，其带负载的能力还远远不够，特别是当板卡多路输出时，输出电流较小，不能驱动较大的负载，所以需要有相应的接口电路来保证与计算机板卡的连接。图8.5.5所示就是起这样作用的电路。

在电路中，将板卡输出数字信号用中间继电器隔离放大，在触点侧可通过较大的电流，可驱动较大功率的负载。对输入到板卡的数字信号，可作相似的处理。在设计这部分电路时，一定要认真阅读计算机板卡的使用说明书，搞清输入/输出电路的类型和接法，然后再设计中间电路。

2. 张力测量和调整环节的设计

在织造过程中，保持经纱张力的稳定，是提高布面质量的关键因素。张力传感器采用应变片式，它具有响应速度快、精度高等优点。应变片获得的经纱张力信号，经放大器放大为0~5 V的电信号，提供给12位的高速A/D转换模块。工控机得到的张力值，经数字滤波等处理后，与张力设定值进行比较，输入到送经伺服控制器，从而控制送经伺服电机的角位移的大小，控制经纱输送量的多少，从而达到控制张力的目的。其控制框图如图 8.5.6 所示。

图 8.5.6　经纱张力的控制框图

3. 系统的抗干扰措施

在工业现场中，干扰常常通过各种渠道串入工控机，使工控机工作不正常。控制系统所有 I/O 接口转接板、伺服控制器等都集中在一个控制柜中，在织机的起动、停止等操作过程中，接触器、继电器动作频繁，机柜里的电磁干扰十分严重，特别是伺服控制器对周围电路的电磁辐射严重，针对以上问题，可采取以下措施：

（1）输入/输出信号均采用光电隔离和继电器隔离。

（2）信号线采用屏蔽线或双绞线。

（3）对电磁辐射严重的部件——伺服控制器作特别处理，加上金属屏蔽罩，隔断与外界的电磁联系。

（4）抑制触点火花。在系统中，使用了大量的继电器、接触器等电感性负载，而且它们又安装在同一个机柜里，其触点不可避免地在开关过程会产生火花，对使用的直流继电器采用开关二极管并联在继电器两端，如图 8.5.7（a）所示，对交流继电器和接触器，则在其线圈绕组两端加入阻容图 8.5.7 吸收电路，如图 8.5.7（b）所示。

（5）在各种电工电子系统中，接地是抑制电磁干扰的主要方法，它可以解决大部分的电磁干扰问题。通常，"地"有如下几种：

① 数字地（逻辑地），是逻辑电路的零电平；

② 交流地，是交流电源的零线和交流信号的公共线；

③ 屏蔽地（机壳地），是为了防止静电感应而设置的。

接地的含义是为系统提供一个参考的等电位点或面。如果接真正的大地，则这个参考点或面就是大地电位。接地的另一个含义是为电流流回电源提供一条低阻抗路径。本系统

图 8.5.7　触点火花抑制电路

采用混合接地的方式，即分别将系统的交流地和逻辑地一点共地，然后接到系统的公共地线上，同时将机壳也接到公共地线上，公共地线通过接地线和大地相连。这样有效地减少了干扰。

8.6　与电话机并行使用的多功能电路

电话是通过电信号双向传输话音的设备。通常人们认为亚历山大·格拉汉姆·贝尔（Alexander Graham Bell）是电话的发明者。美国国会 2002 年 6 月 15 日 269 号决议确认安东尼奥·穆齐（Antonio Meucci）为电话的发明人。

　　电话在挂（待）机状态（即没拿起来时）供电电压为 48 V，当电话被打通需要振铃时，供电电压为 +48 V（正向电位）并且叠加 24 V、25 Hz 的交流振荡信号。在拿起电话后，电压从 48 V 下降并转换为 +8～+18 V（其电压大小由电话距离局端设备的远近而不同）。电话以恒流方式供电，也就是说，电流一定，功率越大，电压越高，并且除了振铃之外，其他的均为直流送电，包括脉冲直流。

　　本节介绍的电路（图 8.6.1）是与电话并行使用的多功能电路。该电路提供了挂机、摘机和振铃三种状态的声音和视觉指示。该电路也能用通过继电器将电话连到呼叫识别装置，还能用蜂鸣器发声来指示电话线被窃听和误用。

图 8.6.1　与电话机并行使用的多功能电路（仿真图）

　　在挂机模式下，通过电话线获得 48 V 直流供电，这时双色 LED1 发绿光，指示电话处于闲状态。通过改变 $R1$ 的阻值可调节 LED1 的发光强弱。通过调节电位计 VR1 使 $Q1$（BC547）基极正向偏置，从而使 $Q2$（BC108）截止，确保 LED1 只发绿光而不发红光。

　　当摘下电话时，电压降为 12 V 直流。这时，因为电压下降，$Q1$ 发射极截止，因而三极管 $Q2$、$Q3$ 开始振荡，蜂鸣器开始发声（开关 S1 处于接通状态），同时双色 LED1 发出红光。

　　当呼叫本话机时，即处于振铃模式下，双色 LED1 发出与电话振铃同频率的绿光。

　　本电路还可通过继电器连接呼叫识别装置。通过图 8.6.1 中的 A 点，连接驱动继电器的三极管。为了用该电路来对误用报警，开关 S1 需处于导通状态。这样当有人试图窃听电话线时，可激活蜂鸣器发声（电话被窃听，与摘机状态相似）。

　　可用两节 1.5 V 电池作为 V_{CC1} 供电电源，但 V_{CC2} 最好另外单独供电，以免电池泄漏消耗电能。

8.7　浴室灯的自动控制电路

　　图 8.7.1 所示电路用来自动开关浴室灯。当浴室门关闭时，灯自动点亮，也可用于指示浴室是否有人使用。电路使用了 2 片集成电路，并由 5 V 直流电源供电。电路没有使用任何机械触点，因而有很高的可靠性。

图 8.7.1　浴室灯的自动控制电路（仿真图）

1. 浴室门开、关的检测电路

红外线发光二极管（*D*1）和红外线吸收二极管（*D*2）组成电路的传感器部分，即浴室门开、关的检测电路。常用的红外发光二极管，其外形和发光二极管 LED 相似，发出红外光。管压降约为 1.4 V，工作电流一般小于 20 mA。为了适应不同的工作电压，回路中常常串有限流电阻。红外发光和吸收二极管都安装在门框上，间隔一小段距离（如图 8.7.2 所示）。当门关上时，从红外发光二极管发出的光线被安装在门上的不透明纸条阻挡。此时，红外吸收二极管 *D*2 接受不到红外光，呈高阻状态，阻值达兆欧级。当浴室门打开时，不透明纸条随门移开，红外发光二极管发出的红外光激活红外吸收二极管，使其导通，其导通压降较低。

图 8.7.2　红外二极管的安装图

（a）门关闭时；（b）门打开时

2. 浴室门开、关状态的显示

由集成运算放大器 LM358（U2A）构成比较器，比较红外吸收二极管和通过 VR1 预调的参考电压的大小。调整 VR1 可获得最优的门槛电压，即当门关闭时 U2A 输出为高电平，而门打开时为低电平。连接到 U2A 输出端的电容 *C*1 用来滤除开、关门时电压输出中产生的暂态噪声。这样，在点 A，门每次在开后再关就会产生一个由低到高的电压变化，如图 8.7.1 所示。

另一个比较器 U2B 的作用与 U2A 相反，因为其输入刚好相反。在 B 点，当门关闭时产生低电平，而门打开时变为高电平（见图 8.7.1）。这样，每次由关门到开门，在 B 点都会产生由低到高的电压变化。连接到 U2B 输出端的电容 C2 也用来滤除开、关门时，电压输出中产生的暂态噪声。74LS74 是上升沿触发的双 D 触发器，在电路中，用来记忆浴室的使用状态。U1A 记忆门的状态，U1B 在用来控制继电器使浴室灯开、关的同时，还可指示浴室是否被占用。U1B 的 8 脚输出 $\overline{Q}$ 与 U1A 的输入端 D 相连，而其输出（第 5 脚）接到了 U1B，即第二个 D 触发器的输入端（第 12 脚）。

当第一次通电时，阻容组合 R3-C3 清零两个触发器。因此，两个 D 触发器的 Q 输出端都是低电平，而 U1B 的 Q 端输出低电平。用这一低电平去控制继电器的电动作，浴室灯接通点亮（这部分电路没有在本电路中出现）。这点与门的开、关状态无关。此时，占用指示红光 LED（D3）不亮，说明浴室是空的（见图 8.7.1）。

当有人进入浴室时，门被打开然后关闭，这就为 74LS74 的两个 D 触发器产生了时钟信号。C 点的低电平进入 U1B，当打开门时，保持灯的状态不变。D 点的高电平进入 U1A，当关门时占用指示灯 D3 变为亮（见图 8.7.3）。

当人离开浴室时，门再次打开。U1B 的输出变为高电平，浴室灯关（见图 8.7.3 中 D 的波形）。关门时在 U1A 输入端产生由低到高的时钟电平变化，从而使浴室占用指示灯关。

图 8.7.3 电路各点时序图

第9章
EDA 软件 Altium Designer 简介

随着计算机技术的发展，电子设计自动化越来越成熟，出现了众多不同的产品，如 Mentor 公司的 WG 系列和 EN 系列、Cadence 公司的 Allegro 系列等。本章简单介绍在中国用户数量最多，比较适合初学者的电路原理图绘制、仿真、制板、信号完整性分析集成于一体的电子设计自动化软件 Altium Designer。本章简要介绍 Altium Designer Summer09 的电路原理图绘制、电路仿真和印制电路板（PCB）设计技术。通过本章的学习，读者可以对 Altium Designer 的功能有所了解，初步学会使用 Altium Designer 绘制电路原理图、仿真和设计 PCB 板。

9.1 Altium Designer Summer09 简介

9.1.1 EDA 技术

EDA（Electronic Design Automation）技术是电子信息技术发展的杰出成果，它的发展和应用引发了一场电子设计和制造的革命，给企业带来了巨大的经济效益。EDA 技术是以计算机硬件和系统软件为基本工作平台，继承和借鉴前人在电路和系统理论、图论、拓扑逻辑和优化理论等多学科的科技成果的软件系统。它旨在帮助电子设计工程师开发新的电子系统与电路、IC 以及印制电路板（PCB）产品，实现在计算机上应用调用元器件库、连线画图、定义激励信号、确定跟踪点、调用参数库以及模拟仿真电路性能等手段设计电路。EDA 的发展大致经历了三个阶段：

20 世纪 70 年代到 80 年代初期，EDA 理论研究发展迅速，成为电子领域的新兴学科。那时 EDA 技术还没有形成系统，仅是一些孤立的软件程序。它们取代了靠手工进行计算、绘图和校验的方式，已显示出强大的生命力。

20 世纪 80 年代后期，随着计算机与集成电路高速发展，EDA 技术真正实现了自动化，出现了 EDA 产业。在这一阶段人们实现了电路仿真、PCB 自动布局布线、IC 参数提取与校验等，并将之集成为一个有机的 EDA 系统，其设计规模可达 10 万门以上。

进入 20 世纪 90 年代，微电子技术飞速发展，电子系统已越来越复杂化、微型化和保密化，设计周期越来越短，成本要求进一步降低，设计还要求独立于工艺等，这种需求促使电子系统朝着多功能、高速度、智能化的方向发展。

9.1.2 Altium Designer（Protel）的发展历史

在日新月异的当今社会，随着电子工业的飞速发展，新型器件，尤其是集成电路的不断涌现，电路板设计越来越复杂和精密，手工设计已经难以满足设计的需要。电子设计自动化，即 EDA 技术的深入发展和广泛应用，为电子工程师带来了新的、完美的设计方法，人们可以以更短的设计周期设计出更完美的电路，这使产品更具有竞争力。Altium 作为一家全球著名的 EDA 软件公司，在中国拥有众多的用户。

1985 年，Protel 公司成立，发布基于 DOS 和 IBM 兼容个人计算机的 EDA 软件 Protel PCB。

1991 年，在微软公司发布 Windows 操作系统之前，第一个推出基于 Windows 图形操作系统的 PCB 设计软件 Protel for Windows。

1998 年，发布 Protel98，集成所有 5 个印制电路设计所需的核心模块。

1999 年，推出 Protel99SE，构成从电路设计到印制电路板分析的完整体系。至今，仍有许多用户还在使用 Protel99SE SP6 设计电路板。

2001 年，Protel 国际有限公司更名为 Altium 有限公司。

2002 年，推出 Protel DXP，功能进一步完善，但该版本是一个过渡性产品。

2005 年，正式发布 Altium Designer 6.0，重新定义了电路设计工具，提高了 PCB 设计能力和对可编程逻辑器件的支持能力，该设计系统具有整个电子产品开发流程所必需的所有功能。

2009 年，Altium 公司发布最新版电路设计软件 Altium Designer Summer 09。Altium Designer Summer 09 提供了唯一一款统一的应用方案，综合了电子产品一体化开发所需的所有必须技术和功能。Altium Designer Summer 09 在单一的设计环境中集成板级和 FPGA 系统设计，基于 FPGA 和分立处理器的嵌入式软件开发以及 PCB 设计、编辑和制造等功能，并集成了现代设计数据管理功能，使得 Altium Designer Summer 09 成为电子产品开发的完整解决方案，既能满足当前应用，也能满足未来开发的需求。

Altium Designer Summer 09 与以前产品相比，有如下改进。

1. 电路板设计方面

（1）增强了图形化 DRC 违规显示。Altium Designer Summer 09 版本改进了在线实时及批量 DRC 检测中显示的传统违规的图形化信息，涵盖了主要的设计规则。利用与一个可定义的指示违规信息的掩盖图形的合成，用户可更灵活地解决出现在设计中的 DRC 错误。

（2）用户自定制 PCB 布线网络颜色。Altium Designer Summer09 版本允许用户在 PCB 文件中自定义布线网络显示的颜色。用户完全可以使用一种指定的颜色替代当前板层颜色作为布线网络显示的颜色，并将该特性延伸到图形叠层模式，进一步增强了 PCB 的可视化特性。

（3）PCB 板机械层设定增加到 32 层。Altium Designer Summer 09 版本为板级设计新增了 16 个机械层定义，使总的机械层定义达到 32 层。

（4）改进了 DirectX 图形重建速度。Altium Designer Summer09 的在 PCB 应用中增强了 DirectX 图形引擎的功能，提高了图形重建的速度。

2. 前端设计

（1）按区域定义原理图网络类功能。Altium Designer 允许用户使用网络类标签功能在原理图设计中将所涵盖的每条信号线纳入自定义网络类中。当从原理图创建 PCB 时，就可以将自定义的网络类引入 PCB 规则。使用这种方式定义网络的分配，将不再担心耗费时间、原理图中网络定义的混乱等问题。Altium Designer Summer09 版本提供了更加流畅、高效和整齐的网络类定义的新模式。

（2）装配变量和板级元件标号的图形编辑功能。Altium Designer Summer 09 版本提供了装配变量和板级元件标号的图形编辑功能。在编译后的原理图源文件中可以了解装配变量和修改板级元件标号，这个新的特性使设计者从设计的源头就可以快速、高效地完成设计的变更。对于装配变量和板级元件标号变更操作，其提供了一种更快速、更直观的变通方法。

3. 软设计

（1）支持 C++高级语法格式的软件开发。由于软件开发技术的进步，使用更高级、更抽象的软件开发语言和工具已经成为必然——从机器语言到汇编语言，再到过程化语言和面向对象的语言。Altium Designer Summer09 版本可以支持 C++软件开发语言，包括软件的编译和调试功能。

（2）基于 Wishbone 协议的探针仪器。Altium Designer Summer 09 版本新增了一款基于 Wishbone 协议的探针仪器（WB_PROBE）。该仪器是一个 Wishbone 主端元件，允许用户利用探针仪器与 Wishbone 总线相连去探测兼容 Wishbone 协议的从设备。通过实时运行的调试面板，用户就可以观察和修改外设的内部寄存器内容、存储器件的内存数据区，省却了调用处理器仪器或底层调试器。这对于无处理器的系统调试尤为重要。

（3）为 FPGA 仪器编写脚本。Altium Designer 已经为用户提供了一种可定制虚拟仪器的功能，在新的版本中新增了一种在 FPGA 内利用脚本编程实现可定制虚拟仪器的功能。该功能为用户提供一种更直观、界面更友好的脚本应用模式。

（4）虚拟存储仪器。在 Altium Designer Summer 09 版本中，用户将看到一种全新的虚拟存储仪器（MEMORY_INSTRUMENT）。在虚拟仪器内部，其就可提供一个可配置存储单元区。利用这个功能可以从其他逻辑器件、相连的 PC 和虚拟仪器面板中观察和修改存储区数据。

4. 系统级设计

该软件具有按需模式的 License 管理系统（On-Demand）。Altium Designer Summer 09 版本中增加了基于 WEB 协议和按需 License 的模式。利用客户账号访问 Altium 客户服务器，无须变更 License 文件或重新激活 License，基于 WEB 协议的按需 License 管理器就可以允许一个 License 被用于任意一台计算机，而用户无须建立自己的 License 服务器。

9.1.3　Altium Designer Summer09 的设计体系的结构

基本上，Altium Designer 设计系统是由 EDA 主控环境和一系列工具软件组成的。它包含很多能够提高工作效率的功能模块，并且可以与 Protel 公司的其他工具或非 Protel 公司的电子设计自动化工具紧密地结合在一起。其整体结构示意如图 9.1.1 所示。

图 9.1.1　Altium Designer Summer09 的设计体系结构

从图 9.1.1 可以看出，设计系统有五个主要的 EDA 服务程序。其中最基本的是主控环境，主要用于控制各服务程序的共同资源，并且以设计管理程序为操作接口，管理和设计有关的文件。原理图设计是设计流程中的前端处理程序，负责电路图的绘制、各元器件属性和仿真参数的设置，以及生成网络表等各种报表文件。电路仿真程序负责电路的软件仿真和设计的验证。一旦绘制的电路图通过了验证，就可以进行印刷电路板的设计或者 PLD/FPGA 可编程逻辑器件的设计。这个体系正符合实现电子产品从设计构思、电学设计到物理设计的过程。这个过程如图 9.1.2 所示：

图 9.1.2　电路设计流程

1. 准备图形符号

在 Altium Designer 中，有些原理图图形符号并未收集，这时需要事先自己动手准备。同时有些器件的封装形式也需要按器件手册设计。

2. 电路原理图设计

利用原理图设计系统将构思的电路绘制成电路原理图。在这里可以充分利用各种原理图绘图工具，各种库、便利的电气规则检查等来达到设计目的。

3. 电路信号仿真

利用仿真程序，对设计的电路图进行软件仿真，验证设计是否达到目的。

4. 产生网络表和其他报表

网络表是电路板自动布线的最主要的布线依据，是原理图设计与印制电路板设计的主要接口。

5. 印制电路板设计

印制电路板设计是电路设计的最终目标。利用 Altium Designer 的强大功能可以实现印制板的版面设计，完成各种高难度的布线等工作。

6. 信号完整性分析

Altium Designer 包含一个高级信号完整性仿真器，能分析 PCB 板和检查设计参数，测试过冲、下冲、阻抗和信号斜率，以便修改设计参数。特别是在高频电路设计中，信号完整性分析能提高实体印制电路板的成功性。

7. 输出报表

在 PCB 设计验证通过后，需输出各种 BOM（如所用元器件清单），将设计好的 PCB 文件直接交付制造厂商或转化为通用 PCB 制造文件 Gerber 后再交付厂商生产。

由于时间、学时数的限制，上述各部分不能一一涉及，有兴趣的读者可以参考相关的书籍进行进一步的学习。本章将简要地介绍如何利用 Altium Designer Summer09 软件进行电路原理图的绘制、仿真设计和印制电路板（PCB）的设计。

9.2　Altium Designer Summer09 操作环境介绍

9.2.1　进入 Altium Designer Summer09

安装完成，第一次运行 Altium Designer Summer09 时，将进入图 9.2.1 所示的主窗口。在主窗口，可进行项目文件的操作，如创建新项目、打开文件等。

图 9.2.1　Altium Designer Summer09 的主窗口

在图 9.2.1 中，菜单语言为英文，可点击左上角的"DXP"菜单，选择"Preferences…"，按图 9.2.2 所示设置，重启 Altium Designer Summer09 后，则变为中文界面，如图 9.2.3 所示。

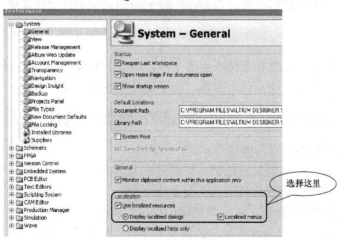

图 9.2.2　本地化设置

在图 9.2.3 中的"文件（F）"菜单中，可选择新建、打开和保存文件等操作。"察看（V）"菜单，主要用于工具栏、工作面板、命令行及状态栏的显示和隐藏。"工程（C）"菜单，主要用于项目文件的管理，包括项目文件的编译、添加、删除，显示项目文件的差异和版本控制等。

图 9.2.3　本地化后的主窗口

9.2.2　Altium Designer Summer09 的文件系统

Altium Designer Summary09 的项目面板提供了两种文件——项目文件和设计时生成的自由文件。设计时生成的文件可以放在项目文件中，也可以放在自由文件中。保存自由文件时，是以单个文件的形式保存。

1. 项目文件

在设计中，为了便于文件管理，将设计中所涉及的电路原理图文件、PCB 文件、设计生成的报表、设计所用元器件的集成库等放在一个项目文件中。

2. 自由文件

自由文件独立于项目文件，Altium Designer Summer09 将其放在空白文件"（Free Document）"文件夹中。

3. 存盘文件

存盘文件是指在项目文件存盘时产生的文件。Altium Designer Summer09 保存文件时，并不是将整个项目文件保存，而是单个保存，项目文件只是起管理的作用。

9.2.3　Altium Designer Summer09 的常用键盘操作键

键盘的操作键有很多，常用的如下：

（1）PgUp——放大窗口的显示比例，使图形放大。

（2）PgDn——缩小窗口的显示比例，使图形缩小。

（3）End——重画窗口画面，使编辑区的图形显示清晰。

（4）Tab——打开处于浮动状态图形的属性对话框，编辑其属性。

（5）Space（空格键）——使处于浮动状态的图形逆时针旋转，每按键一次旋转 90°。

鼠标的操作，通常用左、右两键。可用左键选择命令，同键盘的 Enter 键，右键具有放弃、退出的功能，这同 Esc 键，同时，还可用此弹出快捷菜单。

9.3　电路原理图设计

9.3.1　概述

电路原理图设计不仅是完整电路设计的第一步，也是电路设计的根基。所有后续的设计工作，都是在此基础上进行的。原理图设计的好坏，直接影响后面的设计工作。

通常，设计一个电路原理图的工作包括：设置电路图图纸大小、规划电路图的总体布局、在图纸上放置元器件、进行布局和布线、对元器件以及布线作调整、保存和打印设计结果。其流程如图 9.3.1 所示。

图 9.3.1　电路原理图设计流程

1. 设置图纸大小

根据实际电路的复杂程度设置图纸的大小，这个过程实际上是建立工作平面的过程。用户可以设置图纸的大小、方向、网格大小以及标题栏等。

2. 放置元器件

根据电路的需要，从元件库里取出所需的元器件放置到工作平面上。在这一步中，设计者可以根据元件之间的走线对元件在工作平面上的位置进行调整、修改，对元件的编号、封装、元件值进行定义和设定等。

3. 原理图布线

这是个画图的过程。设计者利用 Altium Designer Summer09 软件提供的工具、指令等进行布线，将工作平面上的器件用具有电器意义的符号连接起来，构成一个完整的电路原理图。

4. 编辑调整

利用系统软件提供的工具，对所绘制的电路图作进一步的检查。如果有不合适的地方，要进行修改，保证原理图的正确性。在此基础上，还要保证原理图的美观和布局的合理。这个过程包括元件位置的校对、调整，导线位置的删除、移动，更改元器件以及元器件的属性等工作。

5. 保存和打印

在设计完成后，需要对设计工作进行管理，例如保存文件、对设计的图纸进行打印等。

9.3.2　原理图的组成

原理图即电路板工作原理的逻辑表示，主要由具有电气特性的符号构成。PCB 中各个组成部分与原理图电气符号的对应关系如下。

1. 元件（Component）

在原理图中，元器件以元件符号的形式出现。元件符号主要由元件引脚和边框组成，其中元件引脚需要和实际元件一一对应。

2. 铜箔（Copper）

在原理图中，铜箔有如下几种形式：

（1）导线：原理图设计中的导线有自己的符号，以线段的形式出现。

（2）焊盘：元件引脚对应 PCB 上的焊盘。

（3）过孔：原理图上不涉及 PCB 的布线，故没有过孔。

（4）覆铜：原理图上不涉及 PCB 的覆铜，故没有覆铜对应的符号。

3. 丝印层（Silkscreen Level）

丝印层是 PCB 上元件的说明文字，对应于原理图上元件的说明文字。

4. 端口（Port）

在原理图编辑器中引入的端口不是指硬件接口，而是为了建立多原理图之间的电气连接而引入的具有电气特性的符号。

5. 网络标号（Net Label）

网络标号和端口类似，通过网络标号也可建立电气连接。原理图中的网络标号必须附加在导线、总线或元器件引脚上。

6. 电源符号（Supply）

电源符号只是用于标注原理图上的电源网络，而非实际的供电器件。

9.3.3 Altium Designer Summer09 电路原理图元件的属性

图 9.3.2 所示为电阻元件的属性，其说明也在图中。

图 9.3.2 元件的属性

9.3.4 Altium Designer Summer09 的原理图设计工具

Altium Designer Summer09 中原理图编辑器的工具栏有主工具栏（Main Tools）、布线工具栏（Wiring Tools）、绘图工具栏（Drawing Tools）、电源和接地工具（Power Objects）、常用器件工具栏（Digital Objects）、模拟信号源（Simulation Source）、PLD 工具（PLD Tools）等。下面作一简要介绍。

1. 主工具栏（Main Tools）

打开和关闭主工具栏可以单击菜单命令"View/Toolbars/Main Tools"。主工具栏提供了一些常用操作的快捷按钮，例如打开文件、保存文件、打印文件、拷贝/粘贴/剪切、撤消操作、对工作平面的放大和缩小等。

2. 布线工具栏（Wiring Tools）

布线工具栏各部分如图 9.3.3 所示，从左到右依次为：导线、总线、信号线束、总线出入端口、网络名称、接地符号、电源符号、放置元件、电路图表符、图纸入口、器件图表符、线束连接器、线束入口、端口、没有 ERC 标志等。其用法和含义分别如下：

图 9.3.3　布线工具栏

（1）导线（"Place/Wire"，菜单命令的顺序为点击"Place"菜单下的"Wire"命令，下同）：在原理图中，当需要在两个点之间进行电气连接时，用此画导线连接。请注意，当两点间没有电气意义时，不要用导线连接，而要用普通连线（Line）。

（2）总线（"Place/Bus"）/总线出入端口（"Place/Bus Entry"）：所谓总线是指一组具有相关性的信号线。绘制总线的目的是简化连线，总线本身并没有实质的电气意义，因此，总线总是和总线出入端口一起使用，以使之具有电气意义。真正代表实际的电气意义的是通过网络标签与输入输出端口来表示的逻辑连通性。如图 9.3.4 所示，网络标签代表了电路中网络的名称。

（3）信号线束（Place/Harness）：信号线束能将不同信号归类到一个逻辑组中来表示相关联的信号，并用指定的唯一名字来表示。

（4）网络名称（"Place/Net Label"）：网络名称具有实际的电气连接意义。具有相同名称的导线或节点之间，不管有无导线连接，都被视为同一导线。

（5）电源和接地符号（"Place/Power Port"）：在原理图绘制中，电源和接地的放置方法是相同的。Schematic 通过网络名称将二者区别开来。放置电源和接地符号的步骤如下：① 将光标移动到所要放置的位置，点击鼠标即可完成；② 放置完毕，点击鼠标右键，结束放置。具体放置的是电源还是接地，可通过按 Tab 键，打开属性对话框，对其属性进行设置即可。属性框里，Net 对应网络名称，Style 对应电源的类型，共有 6 种。

图 9.3.4　总线及其出入端口

（6）放置元件（"Place/Part..."）：在放置元件前，首先需加装元件库，方法如图 9.3.5 所示。装载元件库后，放置元件的步骤如下：① 启动放置元件命令后，出现一个对话框，输入所要取用的元件名，如电阻 RES2，或者通过浏览元件库查找所需的元件；② 在"Designator"项输入元件的流水号；③ 单击"OK"按钮后，屏幕出现"十"字光标，进入放置元件状态，将光标移到合适的位置，则将元件放置完成。这时，放置元件对话框再次出现，重复上述步骤，直到放置完所需的元件，单击鼠标右键结束放置。

图 9.3.5　元件库的安装

（7）放置电路图表符（"Place/Sheet Symbol"）：在绘制复杂电路时，往往在一张电路图不能完成，这就需要用到层次电路图的绘制方法。

（8）放置电路的 I/O 端口（"Place/Port"）：在电路图绘制中，除了用导线和网络标号两种办法标明电路两点间的连接外，还可以用 I/O 端口的办法来表示。在属性设置中，需指定 I/O 端口名称（Name）、端口的外形（Style）以及端口的电气特性（I/O Type）。

（9）放置手工接点（"Place/Junction"）：在绘制电路图时，通常两条线路是 "T" 形交叉时，软件会自动加上节点，而在 "十" 字交叉时，需要设计者自行添加，此时可使用此项命令。

剩下的在此就不再介绍，可查看随机帮助。

9.3.5　在平面上放置元件

电路元件是原理图中最重要的部分。元件来自对应的元件库，在放置元件前必须先加入相应的元件库。

1. 装载元件库

装载元件库的方法如下：用鼠标单击视图左侧的 "库…" 选项卡，出现图 9.3.5 所示的选项卡。

2. 放置元器件

启动放置元件（Part）的方法有如下三种：① 点击画电路图工具栏内的放置元件图标；② 在元件管理库中双击所要放置的元件；③ 选择菜单 "Place/Part" 命令。

放置元件的步骤如下：

① 单击原理图编辑视图左侧的 "库…" 选项卡，出现图 9.3.6 所示的对话框，先选择元件所属库。

② 如图 9.3.6 所示，输入元件的名字，随着字母的输入，在 "元件名" 栏会逐渐缩小范

围，若出现所需元件，可在元件名框内，双击鼠标左键选取，然后在原理图工作区放置元件。

　　将元件放置到工作区后，需要对某一元件的属性进行编辑、修改。有关元件属性的修改，可参见图 9.3.2。

图 9.3.6　元件的放置

9.3.6　绘制电路原理图

　　本节通过绘制分压式偏置放大电路，来介绍如何绘制电路原理图。元件清单见表 9.1。

表 9.1　元件清单

元件序号	Lib Ref	Value	元件序号	Lib Ref	Value	元件序号	Lib Ref	Value
Rb1	RES2	30 k	Re	RES2	2.2 k	C2	Cap2	20 u
Rb2	RES2	10 k	RL	RES2	4 k	Ce	Cap2	100 u
Rc	RES2	4 k	C1	Cap2	20 u	Q1	NPN	

　　绘制的电路如图 9.3.7 所示。下面，按照绘制的步骤来说明绘制的方法。

　　（1）单击菜单"File（文件）/新建（New）/PCB Project"，此时如图 9.3.8（a）所示，新工程文件出现在"工程（Project）"选项卡中。然后再单击"菜单 File（文件）/新建（New）/原理图（Schematic）"，如图 9.3.8（b）所示，新的原理图即出现在新的工程文件中。现在，可以进行原理图设计了。

　　（2）在图 9.3.8（a）中，可鼠标右键点击"PCB_Project2.PrjPCB"，选择"保存工程为.."，为工程文件取一个有意义的名字。同样操作也可以为"Sheet1.SchDoc"取一个有意义的名字。

图 9.3.7 固定偏置放大电路（仿真图）

（a）　　　　　　　　　　　　（b）

图 9.3.8 新建 PCB 工程

（a）新建一个 PCB 工程；（b）新 PCB 工程添加了新的原理图

（3）如表 9.1 所示，添加各个元件。在工作区按设计规划整齐有序的排列。

（4）将各个元件用导线连接起来。在本例中，需在"十"字交叉处添加一个电气节点。

（5）在必要的地方添加网络标号。

到此，电路图设计完成。为了对设计的电路图进行必要的检查，以利于后续工作，可以单击"工程（Project）/Compile Document…"命令对所设计的电路进行编译，若有错则进行修改。

需要指出的是，由于本书篇幅所限，并未涉及原理图设计的许多高级内容，如大型电路图的层次结构设计等，有兴趣的读者可参考相关资料。

9.4　混合信号电路仿真

9.4.1　概述

在传统电子线路设计过程中，完成电路原理图的设计和构思后，必须使用实际元器件、导线按原理图中规定的连接关系在面包板或其他实验板上搭接实验电路，然后借助相应的电子仪器仪表，在实验室环境下对电路功能、性能进行测试，以验证电路功能是否达到设计要求和性能指标，否则必须修改原理图或更换元器件。这种方法工作量大，开发周期长，成本高，不能适应现代电路设计的要求，特别是电路规模大、使用元器件多的场合。

随着计算机技术的飞速发展和电子设计自动化技术的成熟，目前多数电子线路实验已经可以通过电路仿真方式进行验证。所谓"电路仿真"，是指以电路分析理论、数值计算方法为基础，利用数学模型和仿真算法，在计算机上对电路功能、性能进行分析计算，然后以文字、图表等形式在屏幕上显示电路的性能指标或者通过打印机将仿真结果打印输出。这样无需元器件、面包板和仪器设备，电路设计者就可以通过仿真软件对所设计的电路进行各种分析、校验。

目前电路仿真软件较多，如 NI 公司的 MultiSIM、Microsim 公司的 PSPICE 等专用电路仿真软件，而其他的电路综合设计软件，如 OrCAD 和 Altium Designer（Protel），均内置了仿真功能。Altium Designer Summer09 所集成的仿真功能提供了多种仿真激励源和常用的电路元器件，可以对模拟电路、数字电路以及数字/模拟混合电路进行仿真分析。Altium Designer Summer09 的分析手段众多，提供了工作点分析、直流扫描分析（在瞬态特性分析时，允许使用傅里叶分析而得到复杂信号的频谱）、交流小信号分析、阻抗分析、幅频（相频）特性分析、环境温度扫描分析、噪声分析、参数扫描分析、蒙特卡罗（统计分析）分析等多种分析方式。

9.4.2　仿真分析的操作步骤

在 Altium Designer Summer09 中进行电路仿真分析的操作步骤如下。

1. 编辑原理图

利用原理图编辑器编辑仿真测试原理图。Altium Designer Summer09 将原理图符号、PCB 封装、仿真模型集成在统一的库文件里，用户不用像 Prote199SE 那样必须取自仿真专用库 Sim.ddb 内的相应元件。

2. 放置仿真激励源（包括直流电压源）

在仿真测试电路中，必须包含至少一个仿真激励源。仿真激励源如同一个特殊的元件，其放置、属性设置等操作方法与一般的电路元件的方法一样。仿真激励源库路径为 "…simulation/simulation source. IntLib"。其中常用的有直流激励源、脉冲信号源、正弦信号源等。这些仿真激励源都是理想电路元件，即对电压源来说，其内阻为零，对电流源来说，其内容为无穷大。

直流电压源 "VSRC" 的设置方法如图 9.4.1 所示。

正弦信号电压源的设置如图 9.4.2 所示。首先用鼠标左键双击元件，弹出"元件属性"对话框，然后在出现的"元件属性"对话框中，按图 9.4.2 所示设置即可。

图 9.4.1 直流电压源"VSRC"的设置

图 9.4.2 正弦波信号源属性设置窗口

3. 放置网络节点标号

在需要观察电压波形的节点上，放置网络节点标号，以便观察指定节点的电压波形。因为，Altium Designer Summer09 能自动检测支路电流、端口阻抗，但不能自动检测节点电位。

4. 选择仿真方式并设置仿真参数

在原理图编辑窗口，单击"设计（Design）/仿真（Simulate）/Mixed Sim"，Altium Designer Summer09 先对所设计的原理图进行编译，若有错误，会给出"confirm"提示，然后在"Messages"选项卡中列出所有的错误和警告，若没有错误，则弹出"分析设置（Analyses Setup）"对话框。在"分析设置"对话框中，选择仿真方式和仿真参数。当傅里叶分析被选中时，在"收集数据类型"项中一般可选择不含器件功率输出类型，如节点电压、支路电流、器件电流等。

5. 执行仿真操作

完成设置后，单击"确定（OK）"按钮，启动仿真过程，一定时间后，即可在屏幕上看到仿真结果。

6. 观察仿真结果

出现仿真结果后，程序自动启动波形编辑器并显示波形和仿真数据。仔细观察和分析仿真波形和数据，若不满意，可修改仿真参数或元件参数后，再次执行仿真操作，直到取得合乎要求的结果。

7. 保存或打印仿真结果和波形

在 Altium Designer Summer09 中，常采用定点数形式输入，且不用输入参数的物理量单位，即电阻阻值默认单位为欧姆（Ω）、电容容值为法拉（F）、电感为亨利（H）、电压为伏特（V）、电流为安培（A）、频率为赫兹（Hz）等。采用如下比例因子：m（10^{-3}）、u（10^{-6}）、n（10^{-9}）、p（10^{12}）、k（10^3）、M（10^6）等。如"4.7u"对电容来说，是 4.7 μF，对电感来说则为 4.7 μH，对电压来说则为 4.7 μV。

9.4.3　电路仿真常用电源/激励源简介

Altium Designer Summer09 中常用的电源和激励源有直流电压/电流源、正弦信号激励源、周期脉冲信号源、分段线性激励源、调频波激励源等。直流电源的设置较为简单（见图 9.4.1），不再赘述。所有激励源均有电压源和电流源之分，其中电压源以字母 V 开头，电流源以字母 I 开头，如 VSRC 为直流电压源，ISRC 为直流电流源。为了便于使用，下面简要介绍常用激励源的设置要点和参数的意义。

1. 正弦信号源（VSIN/ISIN）

正弦信号源在电路仿真分析中常用作瞬态分析、交流小信号分析的信号电源，其放置方法同普通元件。正弦电压信号源 VSIN 的参数意义如图 9.4.2 所示，其数学模型为

$$v = v_0 + v_A e^{-\alpha(t-t_d)} \sin[2\pi f(t-t_d) - \theta] \tag{9.4.1}$$

式中，v_0 为直流偏置，v_A 为正弦量幅值，α 为阻尼因子，t_d 为延迟时间，f 为正弦量频率，θ 为相位延迟。

2. 周期脉冲信号源

周期脉冲信号源在数字电路的瞬态分析中常常使用。周期脉冲信号源的参数设置及其意义如图 9.4.3 所示。

图 9.4.3　周期脉冲信号源的属性

3. 分段线性激励源 VPWL 和 IPWL（Piece Wise Linear）

分段线性激励源的波形由几条直线段组成，是非周期信号源。为了描述其波形特征，需给出线段的各个转折时间和相应的电压（或电流）值，对电压型（VPWL），转折坐标由"时间/电压"构成；对于电流型（IPWL），转折坐标由"时间/电流"构成。VPWL 放入属性参数及其含义如图 9.4.4 所示。

图 9.4.4　分段线性源的属性

4. 调频波激励源 VSFFM 和 ISFFM

调频波激励源是高频电路仿真分析常用的激励源。调频波信号源的属性窗口如图 9.4.5 所示。其调制信号的数学表达式为：

$$v(t) = v_0 + v_A \sin(2\pi \times Fc \times t + MDI \times \sin(2\pi \times Fs \times t)) \tag{9.4.2}$$

式中，v_0 为直流偏置，v_A 为正弦量幅值，Fc 为载波频率，MDI 为最大频偏与调制信号频率比，Fs 为载波信号频率。

图 9.4.5　调频波激励源 VSFFM 的属性

由于篇幅限制，其他激励源在此略过。

9.4.4　常用仿真方式和应用

在进行仿真前，设计者必须选择电路的分析方式、所要收集数据的变量以及需显示的
波形等。在 Altium Designer Summer09 中，单击"设计（Design）/仿真（Simulate）/Mixed
Sim"命令，Altium Designer Summer09 先对所设计的原理图进行仿真编译，若有错误，
会给出"confirm"提示，然后在"Messages"选项卡中列出所有的错误和警告（这时需修
改，以保证电路中参数设置正确、原理图绘制完整、激励源参数设置正确），若没有错误，
则直接弹出"分析设置（Analyses Setup）"对话框，如图 9.4.6 所示，图中"分析/选项"
内容如下。

图 9.4.6　"分析设置"对话框

1. 一般设置（General Setup）

在"General Setup"中，需如图 9.4.6 所示设置需要观测的信号。

2. 工作点分析（Operating Point Analysis）

工作点分析用于分析电路的直流工作点，是其他分析的基础，必须选择。在进行工作点
分析时，交流源被视为零输出，固定状态保持不变，电容被视为开路，电感被视为短路，电
路中的数字元件被视为高阻接地。选择"Operating Point Analysis"即可，无须其他设置。

3. 瞬态特性分析（Transient Analyses）与傅里叶分析（Fourier Analysis）

瞬态特性分析是对时域中的输入信号确定时域中的输出，所产生的输出结果（电压和电
流）就像用示波器观察的结果一样。工作点分析优先于瞬态特性分析，以便确定电路的直流
偏置点。瞬态特性分析是从时间零开始，到设计者规定的时间范围内进行的。因此，设计者
必须指定输出的开始到终止的时间和分析的步长。瞬态特性分析通常从时间零开始，在时间
零和开始时间（Start Time）之间，瞬态特性分析照样进行，但不保留分析结果。在开始时间
和终止时间（Stop Time）之间的分析结果用于显示。步长（Step Time）是瞬态特性分析的时
间增量，如图 9.4.7 所示。在设置时，要注意采样定理的应用，不要设置得太大或太小。这几
个时间值的设置都要根据输入信号的频率来考虑。

图 9.4.7　瞬态分析/傅里叶分析设置

4. 直流扫描分析（DC Sweep Analysis）

直流扫描分析就是直流转移特性分析。定义所选激励源的电压输入在一定范围内变化，它执行一系列的静态工作点分析，其扫描参数设置如图 9.4.8 所示。

图 9.4.8　直流扫描分析的参数设置

5. 交流小信号分析（AC Small Signal Analysis）

交流小信号分析是将交流输出量作为频率的函数计算电路的响应。如果电路中包含非线性元件，在计算频率响应之前要先得到该元件的交流小信号参数。分析时，电路中必须保证要有至少一个交流源，并在激励源的 AC 属性域中设置一个大于零的值。分析时，电路中的直流源被自动置零，交流信号源、电容、电感等均处于交流模式。直流工作点首先被认为对所有非线性组件而言，在这点是线性的，是小信号模型，且是偏置点。接着创建一个复矩阵。为构造一个矩阵，直流源全被赋予零值。交流源、电容器和电感器均以它们的直流模型描绘，非线性组件则以线性小信号模型描绘。所有输入源被认为是正弦信号，源频率被忽略。图 9.4.9 所示为交流小信号分析的参数设置，图中的扫描类型有 Linear（线性）、Decade（10 倍频）和 Octave（8 倍频）。

图 9.4.9　交流小信号分析的参数设置

6. 噪声分析（Noise Analysis）

电路中的电阻和半导体器件都能产生噪声，噪声电平取决于频率。对交流分析的每一个频率，电路中的每一个噪声源的噪声电平都将被计算出来并传送到一个输出节点，并将所有传送到该节点的噪声进行均方根相加，得到制定输出节点的等效输出噪声。可通过激活"Noise"选项进行噪声分析的参数设置。

7. 参数扫描分析（Parameter Analysis）

参数扫描分析在分析功能上类似蒙特卡罗分析和温度分析。通常与直流、交流和瞬态分析配合使用。采用参数扫描分析，即将某个元件的某个参数每次取不同的值，进行多次仿真。其用于分析某个元件的某个参数在一定范围内变化时对电路的影响，从而快速地校验电路的运行情况。在参数扫描分析中，允许设计者在特定范围内，自定义增量模型的值，并可改变基本元件及其模型，而不改变电路的数据。同时，还可设置第二个参数扫描分析，但收集的数据不包括子电路中的元件。通过观察不同参数值所画出的曲线，分析该参数对电路性能的影响。其设置步骤如下：

（1）进入图 9.4.6 所示界面，选择瞬态分析；

（2）如图 9.4.10 所示，设置参数扫描分析的各变量；

（3）点击"确定"按钮，运行仿真分析。

图 9.4.10　参数扫描分析的参数设置

8. 温度扫描分析（Temperature Sweep Analysis）

温度扫描分析是指在一定的温度范围内进行电路参数计算，从而确定电路的温度漂移等性能指标。其通常和交流小信号分析、直流扫描分析以及瞬态分析相关联。设置温度扫描分析，可选中"Temperature Sweep Analysis"选项，然后进入对话框进行设置。

9. 传递函数分析（Transfer Function Analysis）

传递函数分析用于分析电路的直流输入阻抗、输出阻抗以及直流增益。可进入"Transfer Function"对话框设置参数。

9.4.5 仿真实例

下面结合固定偏置放大电路，讲解如何用 Altium Designer Summer09 来仿真电路。

固定偏置放大电路如图 9.4.11 所示，各元件所有仿真参数已在图中标出，其仿真操作步骤如下：

图 9.4.11 固定偏置放大电路（仿真图）

（1）启动 Altium Designer Summer09，单击"文件/新建/工程/PCB 工程"命令，新建一个 PCB 工程文件，然后再单击"文件/新建/原理图"命令，新建一个原理图文件，接着单击"文件/保存"命令，保存文件，并给文件取一个有意义的名字。

（2）加入所需库文件后，按图 9.4.11 所示，绘制电路原理图。

（3）双击正弦电压激励源 V1，在弹出的"元件属性"对话框中，如图 9.4.2 所示，设置正弦电压信号的幅值为 240 mV，频率为 6 kHz。双击直流电压源 V2，设置其直流电压为 15 V。

（4）单击菜单栏的"工程/compile document…"命令，编译当前的原理图，编译无误后保存原理图和工程项目文件。

（5）单击菜单栏的"设计/仿真/Mixed Sim"命令，系统弹出"分析设置"对话框，如图 9.4.6 所示，先选中"General Setup"选项，设置所需观测的节点，本例所选择的节点为 B、C、E、IN、OUT。

（6）选中"Operating Point Analysis"，然后再选中"Transient Analysis"，按图 9.4.7 所示瞬态特性分析参数的含义，设置参数，如图 9.4.12 所示。

（7）设置完成后，单击"确定"按钮，系统自动运行仿真程序，得到的仿真波形如图 9.4.13 所示。仿真表明，电路的静态工作点为 VB=2.206 V，VC=3.444 V，VE=1.549 V。

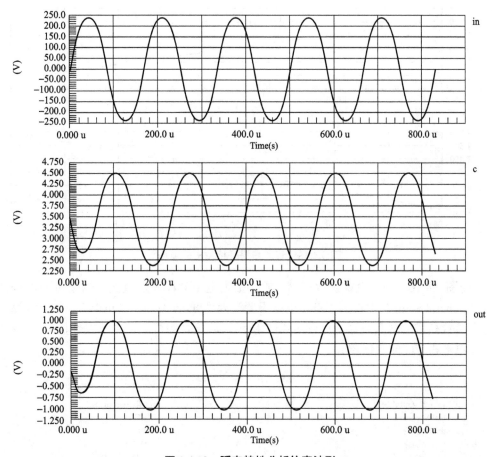

Transient Analysis Setup		
参数		值
Transient Start Time	0.000	
Transient Stop Time	833.3u	
Transient Step Time	4.167u	
Transient Max Step Time	4.167u	
Use Initial Conditions		☐
Use Transient Defaults		☐
Default Cycles Displayed	5	
Default Points Per Cycle	50	
Enable Fourier		☐
Fourier Fundamental Frequency	100.0	
Fourier Number of Harmonics	10	

图 9.4.12　瞬态特性分析参数的设置

图 9.4.13　瞬态特性分析仿真波形

（8）如图 9.4.14 所示，设置直流扫描分析参数，可以分析直流电源 V2 参数的变化对静态工作点的影响。所得结果如图 9.4.15 所示。

DC Sweep Analysis Setup	
参数	值
Primary Source	V2
Primary Start	13.00
Primary Stop	15.00
Primary Step	500.0m

图 9.4.14　直流扫描分析设置参数

图 9.4.15　直流扫描分析输出的波形

（9）如图 9.4.16 所示，设置参数扫描分析参数为电阻 R4，其阻值变化范围为 180～220 Ω，然后在"General Setup"中设置"SimView 设置"为"Show Active Signals"，单击"确定"按钮，得到参数扫描的仿真波形，如图 9.4.17 所示。从仿真图可见，由于发射极电阻 R4 阻值的变化，集电极 VC 的变化较大。

Parameter Sweep Setup	
参数	值
Primary Sweep Variable	R4[resistance]
Primary Start Value	180.0
Primary Stop Value	220.0
Primary Step Value	10.00
Primary Sweep Type	Relative Values

图 9.4.16　参数扫描分析参数的设置

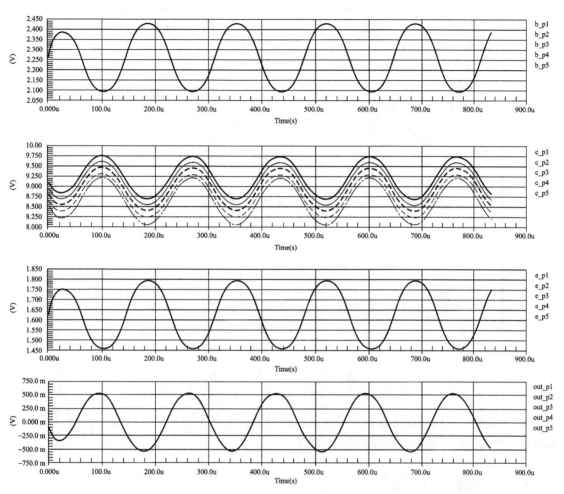

图 9.4.17　参数扫描分析输出的波形

如图 9.4.18 所示，设置温度扫描分析参数，设置温度变化范围为 20 ℃～60 ℃，仿真输出波形如图 9.4.19 所示。

Temperature Sweep Setup	
参数	数值
Start Temparature	20.00
Stop Temparature	60.00
Step Temperature	10.00

图 9.4.18　温度扫描分析参数的设置

图 9.4.19　温度扫描分析结果

（a）温度扫描分析输出的波形；（b）温度扫描分析静态工作点的变化

　　限于篇幅，其他的仿真分析就不在这里介绍了，有兴趣的同学可参照 Altium Designer Summer09 的联机帮助和仿真例子进行学习。

9.5　PCB 设计简介

9.5.1　PCB 和元器件封装简介

1. PCB 的基本知识

　　PCB 是英文 Printed Circuit Board（印制线路板）的简称。通常把在绝缘基材上，按预定设计，制成印制线路、印制元件或两者组合而成的导电图形称为印制电路；而在绝缘基材上提供元器件之间电气连接的导电图形，称为印制线路。这样就把印制电路或印制线路的成品板称为印制线路板，亦称为印制板或印制电路板。PCB 提供集成电路等各种电子元器件固定装配的机械支撑，实现集成电路等各种电子元器件之间的布线和电气连接或电绝缘，提供所要求的电气特性，如特性阻抗等；同时为自动锡焊提供阻焊图形，为元器件插装、检查、维修提供识别字符和图形。

　　常用的印制电路板所用的基材是由纸基（常用于单面板）或玻璃布基（常用于双面及多层板），预浸酚醛或环氧树脂后，表层粘上一面或两面覆铜箔再层压固化而成。这种线路板覆铜箔板，称为刚性板，如果再将之制成印制线路板，就称之为刚性印制线路板。

　　单面有印制线路图形的称为单面印制线路板；双面有印制线路图形，再通过过孔的金属化处理进行双面互连形成的印制线路板，称为双面板。如果用一块双面板作内层、两块单面板作外层或两块双面板作内层、两块单面作外层，通过定位系统及绝缘粘结材料粘接在一起且导电图形按设计要求进行互连的印制线路板就成为 4 层、6 层印制电路板了，也称为多层印制线路板。

电子设备采用 PCB 后，同一类 PCB 的一致性，避免了人工接线的差错，并可实现电子元器件自动插装或贴装、自动锡焊、自动检测，保证了电子设备的质量，提高了劳动生产率，降低了成本，并便于维修。

PCB 从单面板发展到双面板、多层板和挠性板，并不断地向高精度、高密度和高可靠性方向发展。

2. 元器件封装知识

封装，就是指将半导体硅片上的电路管脚，用导线接引到外部接头处，以便与其他器件连接。封装形式是指安装半导体集成电路芯片用的外壳。它不仅起着安装、固定、密封、保护芯片、增强电热性能等作用，而且还通过芯片上的接点用导线连接到封装外壳的引脚上，这些引脚又通过印刷电路板上的导线与其他器件相连接，从而实现了芯片内部与外部电路的连接。

封装主要分为 DIP 双列直插和 SMD 表面贴片封装两种。从结构方面看，封装经历了最早期的晶体管 TO（如 TO–89、TO92）封装到双列直插式 DIP（封装），随后由 PHILIP 公司开发出了 SOP 小外型封装，以后逐渐派生出 J 型引脚小外形封装（SOJ）、薄小外形封装（TSOP）、甚小外形封装（VSOP）、缩小型 SOP（SSOP）、薄的缩小型 SOP（TSSOP）、小外形晶体管（SOT）和小外形集成电路（SOIC）等。在材料介质方面，其包括金属、陶瓷、塑料等。

常用的元器件封装形式如下，其实物如图 9.5.1 所示。

DIP　　　　LCC　　　　QFP　　　　SDIP

SIP　　　　SOP　　　　BGA

图 9.5.1　元器件封装实物

（1）双列直插式封装（Dual In-line Package，DIP），引脚从封装两侧引出，封装材料有塑料和陶瓷两种。DIP 是最常见的插装型封装，常见于标准逻辑 IC、存贮器 LSI、微机电路等。其引脚中心距为 2.54 mm，引脚数为 6～64。封装宽度通常为 15.2 mm。

（2）无引脚封装（Leadless Chip Carrier，LCC），指陶瓷基板的四个侧面只有电极接触而无引脚的表面贴装型封装，是高速和高频 IC 用封装，也称为陶瓷 QFN 或 QFN–C。

（3）四侧引脚扁平封装（Quad Flat Package，QFP），引脚从元件的四个侧面引出，呈海鸥翼（L）型。基材有陶瓷、金属和塑料三种。从数量上看，塑料封装占绝大部分。当没有特别表示出材料时，多数情况为塑料 QFP。QFP 封装的引脚中心距有 1.0 mm、0.8 mm、0.65 mm、0.5 mm、0.4 mm、0.3 mm 等多种规格。0.65 mm 中心距规格中最多引脚数为 304。

（4）收缩型 DIP（Shrink Dual In-line Package，SDIP），形状与 DIP 相同，但引脚中心距（1.778 mm）小于 DIP（2.54 mm）。引脚数为 14～90。也有称为 SH–DIP 的。材料有陶瓷和塑料两种。

（5）单列直插式封装（Single In-line Package，SIP），引脚从封装的一个侧面引出，排列成一条直线。当装配到印刷基板上时封装呈侧立状。引脚中心距通常为 2.54 mm，引脚数为 2～23，多数为定制产品。

（6）小外形封装（Small Out-line Package，SOP），引脚从封装两侧引出呈海鸥翼状（L字形），也称 SOL 和 DFP。材料有塑料和陶瓷两种。在引脚数为 10～40 以外的领域，SOP是普及最广的表面贴装封装形式。引脚中心距为 1.27 mm，引脚数为 8～44。另外，引脚中心距小于 1.27 mm 的 SOP 也称为 SSOP；装配高度不到 1.27 mm 的 SOP 也称为 TSOP。

（7）球形触点陈列封装（Ball Grid Array，BGA），在印刷基板的背面按阵列方式制作出球形凸点用以代替引脚，在印刷基板的正面装配 LSI 芯片，然后用模压树脂或灌封方法进行密封。也称为凸点陈列载体（PAC）。引脚可超过 200，是多引脚 LSI 用的一种封装。

在 Altium Designer Summer09 中，常用的分立元件的封装如下：

（1）电阻：分直插和表贴封装（SMT），对直插，封装为 AXIAL0.3～0.7，其中数字指电阻的长度，一般用 AXIAL0.4，即两焊盘的间距为 300 mil（mil，读作密尔，1 mil=0.001 英寸=0.025 4 mm）。对表贴封装，其封装形式为 0201（1/20 W）、0402（1/16 W）、0603（1/10 W）、0805（1/8 W）、1206（1/4 W）。

（2）电容：若是无极性电容（如陶瓷电容等）为 RAD0.1～0.3，电解电容为 RB.1/.2～RB.4/.8，其中.1/.2～.4/.8 指电容大小。一般 1～100 μF RB.1/.2，100～470 μF 用 RB.2/.4。

（3）二极管：封装为 DIODE0.4～DIODE0.7，常用 DIODE0.4。

（4）三极管：常见的封装属性为 TO–18（普通三极管）、TO–22（大功率三极管）和 TO–3（大功率达林顿管）。

元件的封装形式还有很多，就不一一介绍了。有兴趣的读者可打开 "\Library\pcb 库目录"下的文件，特别是 IPC—7350 和 IPC–SM–782 这两个目录几乎包含了所有标准的 PCB 库文件。

9.5.2　Altium Designer Summer09 PCB 设计基础

Altium Designer Summer09 的 PCB 编辑器界面包括菜单栏、工具栏和工作面板。这些菜单和工具栏主要用于 PCB 设计中的电路板设置、布局、布线等操作，且大部分都有对应的右键快捷菜单。

在菜单栏中，有"文件""编辑""视图""项目""放置""设计""工具""自动布线""报表"等菜单命令，如需放置器件封装或图形，可从"放置"菜单命令中找到合适的命令。

1. PCB 文件的建立

在 Altium Designer Summer09 中，新建 PCB 文件有 3 种方法，能减少工作量，简捷方便的方法是用 PCB 设计向导来完成电路板的外形、板层数、接口等的设置。使用 PCB 设置向导的操作步骤如下：

（1）打开"文件"面板，单击"从模板新建文件"选项栏中的"PCB Board Wizard"选项，即打开电路板设计向导对话框，单击"下一步"按钮，弹出 PCB 所采用的长度单位设置界面。通常选择英制单位以方便栅格对齐，再单击"下一步"按钮，弹出图 9.5.2 所示的电路板配置文件界面。系统已经提供了一些标准电路板配置文件，但经常需自定义（Custom）设置。

图 9.5.2　电路板配置文件界面

（2）在图 9.5.2 中，选择"Custom"后，单击"下一步"按钮，弹出电路板详细信息界面，在该界面中，可设置电路板的轮廓外形、电路板尺寸、边界导线的宽度、禁止布线区与电路板边沿的距离等，如图 9.5.3 所示。

图 9.5.3　电路板详细信息界面

（3）在图 9.5.3 中，设置电路板的外形、板尺寸等后，单击"下一步"按钮，弹出电路板层数设置界面，对双面板，两个信号层为"Top Layer"和"Bottom Layer"。在单击"下一步"按钮后可设置过孔类型，因为加工的原因，通常选择通孔，在接下来的界面中，选择元件和布线方法。

（4）设置完元件和布线方法后，单击"下一步"按钮，弹出选择默认导线和过孔尺寸界面，如图 9.5.4 所示。设置完成后，单击"下一步"按钮即完成 PCB 设计向导。

图 9.5.4　选择默认导线和过孔尺寸界面

2. 电路板层数的设置

1）电路板的分层

电路板一般包括很多层，不同的层有不同的设计信息。Altium Designer Summer09 提供了 6 种类型的工作层：

（1）Signal Layers（信号层）：即铜箔层，用于完成电气连接。

（2）Internal Planes（中间层，也称内部电源层与地线层）：也属于铜箔层，用于建立电源和地线网络。

（3）Mechanical Layers（机械层）：用于描述电路板的机械结构、标注和加工等生产和组装信息所使用的层面，不能完成电气连接。

（4）Mask Layers（阻焊层）：用于保护铜线，防止焊接错误等。

（5）Silkscreen Layers（丝印层）：也称图例（legend），通常用于放置元件标号、文字与符号，以表示元器件在电路板中的位置。

（6）Other Layers（其它层）：包括 Drill Guides（钻孔）和 Drill Drawing（钻孔图），用来描述钻孔图和钻孔的位置；Keep-Out Layer（禁止布线层），用来定义布线区域。

2）常见电路板

Single-Sided Boards（单面板），即元件集中在一面，导线集中在另一面。Double-Sided Boards（双面板），元件集中在一面，但两面都可以布线，这样就需要"Via（过孔）"作为桥梁，以连接两面的导线。Multi-Layer Boards（多层板），常用的多层板有 4 层、6 层、8 层等。一般，4 层板是在 Top Layer 和 Bottom Layer 的基础上增加了电源层和地线层，以利于解决电磁兼容性，提高系统的可靠性，也有利于提高布通率，减小 PCB 板的面积。

电路板层的设置可单击菜单栏"设计/层叠管理"命令，打开"层堆栈管理器"，如图 9.5.5 所示。在对话框中，可增加/删除层、移动层的位置、对各层设置其属性。各种典型电路板层数的设置，可通过单击图 9.5.5 所示界面中左下角的"菜单"按钮获得。

图 9.5.5　层堆栈管理器

3. 网络表的导入

完成原理图的设计以及 PCB 的板形、层数等设置后，就可以导入网络表。这里以图 9.5.6 所示电路为例来讲解如何导入网络表、如何在 PCB 中对元器件进行布局，以及如何布线等。

图 9.5.6　原理图（仿真图）

（1）建立 PCB 工程文件 "acc.prjPCB"，按图 9.5.6 所示，绘制原理图。图中 w1 为三端稳压器 7805，U1（ADXL202E）为两轴 MEMS 加速度计，可输出两个正交方向的加速度，U2（PIC16F84）为 8 位单片机，P2 为液晶显示器。该电路的功能是单片机 U2 读取加速度计 U1 的输出，通过一定的算法，在 LCD 上显示电路板与地平面的倾角。元件 U1 在 Altium Designer Summer09 的库文件中，需自行设计其原理图符号和元件封装（这里作为一个高级练习，留待有兴趣的读者自学）。绘制完电路后，将原理图文件命名为"acc.SchDoc"。

（2）用 PCB 向导建立一个 PCB 文件，并将之命名为"acc.PcbDoc"。然后回到原理图，单击"设计/Update PCB Document acc.PcbDoc"，系统将对原理图和 PCB 图的网络表进行比较并弹出一个"工程更改顺序"对话框，单击对话框的"确认更改"按钮，将验证更改操作。合法性验证通过后，单击"执行更改"，系统将完成网络表的导入。网络表导入后，原理图中的元件并未直接导入用户绘制的布线区内，这时，需执行自动布局操作或手动布局，将元件放到布线区内。

9.5.3　PCB 的布局设计

在 PCB 编辑器中，与布局有关的操作的路径为"工具/器件布局"。Altium Designer Summer09 的自动布局功能常常不能令人满意，往往需要手动布局。

1. 自动布局

在自动布局前，需设置自动布局的约束参数。合理的自动布局参数，可使结果更令人满意。自动布局的参数在"PCB Rules and constraints Editor（PCB 规则和约束编辑器）"对话框中。单击菜单栏中的"设计/Rules"命令，弹出 PCB 规则和约束编辑器，单击对话框中的"Placement"标签，逐项设置参数。

（1）"Room Definition（空间定义规则）"：用于 PCB 板上定义元件布局区域。

（2）"Component Clearance（元件间距限制规则）"：用于设置元件间距，该间距会影响元件的布局。

（3）"Component Orientation（元件布局方向规则）"：用于设置 PCB 板上元件允许旋转的角度。

（4）"Permitted Layers（电路板工作层设置规则）"：用于设置 PCB 板上允许放置元件的工作层，通常元件放置在底层和顶层。

（5）"Nets To Ignore（网络忽略规则）"：用于设置在采用 Cluster Placer（分组布局）方式执行元件自动布局时需忽略布局的网络。

（6）"Height（高度规则）"：用于定义元件的高度。在一些特殊的电路板上进行布局时，电路板的某一区域可能对元件的高度有限制，此时需设置该规则。

引入网络表后，元件在自动布局前的分布如图 9.5.7 所示。设置好自动布局各参数，执行自动布局后，如图 9.5.8 所示。从图 9.5.8 可见，布局效果并不令人满意，有的元件还相互重叠，还需进行推挤或手工调整。

图 9.5.7　自动布局前的元件分布

2. 手动布局

手动布局是指通过人工操作，将元件排放在合理的位置。为了美观，元件需排放整齐。系统提供了专门的手动布局工具，可通过单击菜单的"编辑/对齐"命令来完成。其内容就不一一介绍了。图 9.5.9 所示为手动布局后的元件分布。

图 9.5.8　自动布局后的元件分布　　　　图 9.5.9　手动布局的结果

3. 电路板的布线

完成电路板中元件的布局后，就可以进行布线工作了。布线是完成产品设计的最重要的步骤之一，其要求高、工作量大。通常自动布线是不能满足要求的，因此在自动布线前，先对要求严格的线路采用交互式方式预先布线并锁定，然后对不重要的部分采用自动布线方式来完成。在 PCB 上布线首先需布通所有的连接导线，建立电路所需的电气连接，然后再考虑走线的长短、信号的完整性、过孔的多少等。

1）电路板的自动布线

对散热、电磁兼容性和高频特性要求不高的电路设计，采用自动布线可大大降低工作量。如果自动布线不能满足要求，还需手工进行调整。

设置 PCB 自动布线的规则如下：

Altium Designer Summer09 提供了众多设计规则，涵盖了元件的电气特性、走线宽度、走线拓扑结构、表面安装焊盘、阻焊层、电源层、测试点、电路板制作等设计过程的诸多方面。

（1）"Electrical（电气规则）"主要针对具有电气连接特性的对象，用于系统的 DRC（电气规则检查）。当布线违反了电气特性规则，DRC 检查器将自动报警提示用户。其设置内容有：

① "Clearance（安全间距规则）"，用于设置具有电气连接特性的对象之间的安全间距，在 PCB 中，具有电气特性的对象有导线、焊盘、过孔和铜箔填充区等。通常安全间距设置为 10～20 mil。

② "Short-Circuit（短路规则）"，用于设置在 PCB 板上是否可以出现短路，通常是不允许的。

③ "UnRouted Net（取消布线网络规则）"，用于设置是否可以出现未连接的网络。

④ "Unconnected Pin（未连接引脚规则）"，系统默认下无需设置。

（2）"Routing（布线规则）"，主要用于设置自动布线过程中的布线规则，如布线宽度、布线优先级、布线拓扑结构等。其中最重要的是布线宽度。

（3）"SMT（表贴封装规则）"，用于设置表面安装元件的走线规则。

（4）"Mask（阻焊规则）"，用于设置阻焊剂铺设的尺寸。

（5）"Plane（中间层布线规则）"，用于设置中间电源层的走线规则。

2）自动布线的操作

设置完毕布线规则和布线策略后，即可进行自动布线操作。自动布线操作主要通过菜单"自动布线"进行。用户不仅可以进行整体布线，还可以对指定的区域、网络和元件进行自动布线。图9.5.10所示是对图9.5.9所示内容进行整体自动布线的结果。

图9.5.10　自动布线结果图

（1）电路板的手动布线。

通常自动布线会出现一些不合理的布线，如较多的绕线、走线不美观等。这时可通过手动布线来进行调整修正。对于手动布线，用户需自己按照元件布局和信号走向规划走线的路径。手动布线的规则设置与自动布线的规则设置基本相同，不再赘述。

（2）拆除已布导线。

拆除导线，可通过选中要拆除的导线，然后按 Delete 键即可。还可通过菜单的"工具/取消布线"来完成对所有导线、某一元件、某一网络等的导线拆除，方便快捷。

（3）手动布线。

手动布线通过交互式布线来完成，菜单命令为"放置/Interactive Routing"或用右键快捷方式"Interactive Routing"来进行。当点击"Interactive Routing"后，鼠标光标变为"十"字形，可移动光标到需布线的起点，然后多次单击确定控制点，即完成两点间的走线。辅助的控制键"Shift+Space"可控制走线的角度，用"*"键可在不同信号层间切换。

（4）覆铜和补泪滴。

覆铜由一系列导线组成，完成电路板内不规则区域的填充。覆铜主要是用"GND（地）"网络将电路板的空余没有走线的部分用导线全部铺满。覆铜后，电路板变得美观，更重要的是这提高了电路板的电磁兼容性。通常覆铜的安全间距为导线安全间距的 2 倍以上。

执行菜单命令"放置/多边形覆铜"，弹出"多边形覆铜"对话框，如图 9.5.11 所示。其主要选项有：

"填充模式"中"Solid"为实心填充，"Hatched"为网格填充。"属性"中，"层"选择覆铜所属的工作层。"网络选项"中，"连接到网络"选择覆铜连接到的网络，"死铜移除"通常要选中，以剔除没有连接到网络的覆铜区域。按图 9.5.11 所示设置后，点击"确定"按钮，鼠标光标变为"十"字形，准备进行覆铜操作。用光标沿 PCB 板的"Keep-out"边界画一闭合矩形框，完成后单击鼠标右键退出，系统自动生成顶层的覆铜，如图 9.5.12 所示。

在导线和焊盘或者过孔的连接处，通常需要补泪滴，以去除连接处的直角，加大连接面积，从避免 PCB 加工制作过程中和使用焊接时连接处断裂。单击菜单栏的"工具/泪滴"命令，弹出"泪滴选项"对话框，可选择补泪滴的各属性，属性设置完成后，单击"确定"按钮，系统自动执行补泪滴操作。通常，补泪滴的工作在覆铜前进行。覆铜、补泪滴后的电路板如图 9.5.13 所示。

图 9.5.11 "多边形覆铜"对话框

图 9.5.12 顶层覆铜后的效果

图 9.5.13 覆铜、补泪滴后的效果

到此，PCB 设计的主要工作就基本完成，接下来需对电路板进行必要的美化工作，这里就不再赘述。

9.5.4 电路板相关报表的输出

PCB 绘制完成后，可生成一系列报表，以利于电路板的加工、元件的采购、工作交流等。设计后电路板的各类统计信息的输出，可通过菜单中的"报告"项完成，点击相应菜单项获得。如何将设计好的 PCB 文件，交付生产厂家生产出合格的 PCB 板呢？需要将所设计的 PCB 文件，输出 Gerber 文件，交付厂家生产。

Gerber 文件是符合 EIA 标准的，用于将 PCB 电路板图中的布线数据等转换为胶片的光绘数据，可以被光绘图机处理的文件格式。在 PCB 编辑器中，单击菜单的"文件/制造输出/Gerber Files"命令，在弹出的对话框中设置 PCB 文件的输出内容等信息，并产生相应的 Gerber 文件。最后只需要将输出的 Gerber 文件交付厂家，就可生成出用户所设计的 PCB 板。

Altium Designer Summer09 是一个复杂的电路设计软件，本书因篇幅所限，介绍的内容还很肤浅，有的内容根本就没有涉及。有兴趣的读者可参阅 Altium Designer Summer09 的随机帮助或其他参考书籍。

参 考 文 献

[1] 李晓明，等. 电工电子技术（第一分册）（第 2 版）[M]. 北京：高等教育出版社，2008.

[2] ［美］Raymond A. MacK，Jr. 开关电源入门 [M]. 北京：人民邮电出版社，2007.

[3] 李中年. 控制电器及其应用 [M]. 北京：清华大学出版社，2006.

[4] 温照方，等. SIMATIC S7-200 可编程序控制器教程 [M]. 北京：北京理工大学出版社，2010.

[5] 严盈富. 西门子 S7-200PLC 入门 [M]. 北京：人民邮电出版社，2007.

[6] 朱伟兴. 电工电子应用技术 [M]. 北京：高等教育出版社，2008.

[7] 孙骆生. 电工学基本教程 [M]. 北京：高等教育出版社，2008.

[8] 韩国栋，等. Altium Designer Winter09 电路设计入门与提高 [M]. 北京：化学工业出版社，2010.

[9] 王永华. 现代电气控制与 PLC 应用技术（第 2 版）[M]. 北京：北京航空航天大学出版社，2008.

[10] Ranjith G. Poduval. Multipose Circuit for Telephone [J]. Electronics for You – Projects and Ideals，2000.01:18.

[11] Jayan A R. Automatic Bathroom Light [J]. Electronics for You – Projects and Ideals，2000.01:19.

[12] 温照方. 电机与控制 [M]. 北京：北京理工大学出版社，2004.

[13] 温照方，等. 电机与控制（第 2 版）[M]. 北京：北京理工大学出版社，2010.

[14] 秦曾煌. 电工学 [M]. 北京：高等教育出版社，2004.

[15] Giorgio Rizzoni. Principles and Applications of Electrical Engineering [M]. 5th edition. McGraw-Hill，2006.

[16] Khaled Kamel，and etc. Progra mmable Logic Controllers: Industrial Control [M]. McGraw-Hill，2014.

[17] Stephen J. Chapman. Electric Machinery Fundamentals [M]. McGraw-Hill，2003.

[18] Steve Senty. Motor Control Fundamentals [M]. Delmar，2013.

[19] Edward Hughes，and etc. Electrical and Electronic Technology [M]. 10th edition. Pearson Education Limited，2008.

[20] Allan R. Hambley. Electrical Engineering: Principles and Applications [M]. 6th Edition. Pearson Education Limited，2014.